가회동 두 집   북촌의 100년을 말하다

가회동 두 집
북촌의 100년을 말하다

지은이

안창모

서울대학교 건축학과를 졸업한 후 동대학원에서 근현대건축을
공부했다. "한국전쟁을 전후한 한국건축의 성격 변화"로 석사학위를,
"건축가 박동진에 관한 연구"로 박사학위를 받았다. 1990년에
건축사 면허를 취득했다. 미국 컬럼비아대학교·일본 도쿄대학교
객원연구원, 건축역사학회 부회장, 대통령 소속 국가건축정책위원회
위원, 문화재청 문화재위원을 지냈다. 황금사자상을 수상한
2014년 베니스 건축비엔날레 한국관의 공동큐레이터였다.
현재 경기대학교 건축학과에서 한국 근대건축의 역사와
이론을 연구하며 역사문화환경보존프로그램을 운영하고 있다.
(사)근대도시건축연구와실천을위한모임 회장, (재)문화유산국민신탁
이사, 인천광역시 문화재위원이며 국가상징거리조성계획,
역사문화도심관리기본계획 등 역사도시 서울과 근대건축유산의
보존과 활용에 관한 연구에 참여하고 있다.
《한국현대건축 50년》(1996), 《서울건축사》(1999, 공저), 《북한문화,
둘이면서 하나인 문화》(2008, 공저), 《건축가 김정수》(2008, 공저),
《덕수궁: 시대와 운명을 안고 제국의 중심에 서다》(2009),
《Architectural and Cultural Guide Pyongyang》(2012, 독일어·영어,
공저), 《21세기 북한의 예술》(2020, 공저), 《기술과 사회로 읽는
도시건축사》(2022) 등의 저서가 있다. 2021년 한국건축역사학회
학술상을 수상했다.

가회동 두 집   북촌의 100년을 말하다

집

안
창
모 지음

한옥 한 채를 사서 잘 복원해보고 싶었어요. 설화수가 우리 전통을
현대화하는 일을 하고 앞으로도 이 원칙은 변하지 않을 텐데 이 원칙을
공간에서도 구현해보고 싶었죠. 여러 동네를 찾아다녔어요. 북촌, 서촌,
익선동…. 서촌에는 한옥이 별로 없고 익선동은 너무 상업성에 물들어
있더라고요. 북촌로 변에 잘 앉아 있는 이 집이 맘에 들었습니다.

한옥을 구입하고 얼마 지나지 않아 뒤에 있는 양옥이 매물로 나왔어요.
매입해놓고 보니 집이 너무 좋더라고요. 누구인지는 모르지만 꽤 솜씨
좋은 건축가가 지은 집처럼 보였어요. 이 두 집을 잘 복원하면 서울
역사의 한 부분이 되겠다 싶었죠.

나중에 72-1번지가 매물로 나왔다고 해서 구입할 생각으로 최욱
건축가와 상의했더니 역시 무조건 구입하라고 하더라고요. 최욱
건축가는 그 자리에 무언가 짓고 싶어했는데 내가 비워두자고 했어요.
소쇄원이나 해남 녹우당처럼 사람들이 좋아하는 전통공간을
떠올려보면 비우니 집이 완성되어 보이잖아요.

난 최욱 건축가의 집을 좋아해요. 최욱 건축가는 자그마한 공간을 잘
연결해요. 우리 전통건축이 공간의 집합체잖아요. 최욱 건축가의 집을
보면 공간을 집합하는 솜씨가 좋다는 생각이 들어요.

— 서경배 회장 인터뷰 내용 일부, 2022년 5월

이 책은 잘 지어진 집을 이야기합니다.

왜 좋은 집인지
글보다는
제가 직접 촬영한 이미지로 이야기하려고 합니다.
글이 아닌 이미지로
화두를 던진 후
간단한 설명을 덧붙였습니다.

지금부터는 독자 여러분의 몫입니다.
사진이 많으니 사진만 보고 덮으셔도 됩니다.
단 사진은 한계가 있습니다.
사진만 보고 덮어버리기에는 집이 너무 좋습니다.
이 책을 손에 든 김에 약간의 수고를 더하시길 바랍니다.
제 이야기에
동의할 수도 있고, 동의하지 않을 수도 있습니다.
동의하지 않는 분이라면 약간의 수고를 더하시게 될 겁니다.
동의하지 않는 데는 이유가 있기 때문일 것입니다.
그 이유는 직접 가서서 찾아보셨으면 합니다.

그렇게 이 집은 여러분의 집이 될 것입니다.

차례

땅 :

북촌

북촌,
사라지는 회색빛 도시 풍경이
안타까운 곳

서울이 회색빛 콘크리트로 가득한 우울한 도시로 이야기되던 시절이 있었다.

서양에서 회색빛 도시가 산업화 시기의 스모그로 가득찬 도시를 묘사하는 키워드였다면, 서울에서 회색빛 도시는 콘크리트로 지은 건물에 색을 입힐 수 없을 정도로 가난했던 시절, 경제개발에 몰두하던 시절의 은유였다. 자동차 매연과 공장의 굴뚝 연기로 뿌연 잿빛 하늘, 그리고 회색빛 콘크리트 건물, 그 아래에서 서울시민은 우울했다. 나라에서는 우울함에서 벗어나게 한다는 명목으로 명랑사회 캠페인을 펼쳤다.

'명랑'이 사회적 과제이던 시절, 매일 아침 라디오에서는 "럭키 서울", "꽃집의 아가씨"와 같은 가요가 흘러나왔다. 명랑한 분위기를 강제하고 희망을 강요하던 시절이었다.

그런데 회색빛 도시의 원전이 가회동이었다면… 상상되는가. 오설록 티하우스의 테라스에 서면, 그 현장이 눈 앞에 펼쳐진다.

1962년 북촌의 항공사진을 보면 땅을 제외한 모든 공간이 회색빛이다. 짙은 회색빛 기와지붕 집이 가득하다. 평지붕은 없다. 그런데 산업화 시대를 거치면서 압축성장을 한 서울의 도심은 빠르게 회색빛 콘크리트로 채워졌다. 4, 5층에 머물던 콘크리트로 지은 사무소 건축은 10층, 20층

규모가 되었다. 이 무채색의 고층 건물은 경제성장의 상징이 되었다. 한편으로는 천박한 자본주의의 상징이기도 했다.

이처럼 회색빛이 빠르게 도시를 덮어가는 중에 북촌의 회색빛 바다에 균열(도로 확장)이 생기더니, 균열부 주변부터 하나둘 회색이 사라지고 하얀 바탕이 드러났다. 1962년 항공사진의 하얀 바탕은 학교 운동장이었는데 이번에는 평지붕의 콘크리트 바닥이다. 어느새 하얀 바탕은 하나둘 녹색으로 바뀌었다. 방수 페인트의 색이 녹색이었기 때문이다. 한옥이 하나둘 사라질 때마다 회색빛 지붕도 하나둘 사라졌다. 그 자리에는 울긋불긋 다양한 색을 입은 건물이 들어섰다. 그럼에도 도시는 명랑해 보이지 않았다. 오히려 우울함을 넘어 암담해졌다. 이때 북촌을 걱정하는 건축가가 하나둘 북촌으로 모여들었다. 건축가 최욱도 그들 중 한 명이다.

최욱은 짙은 회색빛 지붕을 지켜가며, 북촌을 회색빛 마을로 되돌리는데 애썼다. 그리고 조경가 정영선은 사시사철 자연의 색을 추가하고 있다.

그래서 회색빛 지붕이 늘어날수록 아이러니하게 북촌은 명랑하고 희망으로 채워지기 시작했다. 사람들의 소리가 곳곳에서 들렸고, 거리에서 마주치는 사람도 많아지고 있다.

한양도성과 북촌

북촌은 조선을 세운 사람들 즉 사대부의 거주지로 조선의 건국과 함께 등장했다. 조선 건국 당시 한양도성은 청계천을 품에 안고 내사산(백악, 낙산, 남산, 인왕산)으로 둘러싸인 공간구조를 갖춘 도시였다. 주요 시설인 종묘·사직은 법궁인 경복궁을 중심으로 배치되었다. 임금의 거처인 경복궁을 중심으로 남쪽에는 행정을 담당하는 육조거리가 조성되고, 동쪽에는 종묘 그리고 서쪽에는 사직단이 지어졌다. 법궁(法宮)인 경복궁 외에 임금이 병을 얻거나 궐내에 전염병이 돌 때 병을 피해 거처할 수 있는 이궁(離宮)도 지어졌다. 창덕궁이다. 이들은 모두 청계천 북쪽에 자리했다. 왜, 중요한 시설은 모두 청계천 북쪽에 있을까? 이유는 간단하다. 청계천 위쪽은 북에서 남으로 경사져 있는 남사면으로 따뜻한 햇볕이 드는 땅이기 때문이다. 북촌은 청계천 위, 법궁인 경복궁과 이궁인 창덕궁 사이, 좋은 위치에 자리한 동네다. 따뜻한 햇볕이 드는 곳이니 주거지로 최적이었는데, 사대부의 직장 상사라고 할 수 있는 임금의 공간인 궁궐과 사대부의 직장인 육조가 인접한 직주근접의 장소이기도 했던 까닭에 권문세가의 집이 많았다. 1910년대까지만 해도 북촌에는 큰 필지를 가진 대갓집이 많았다.

변화는 1863년 고종의 즉위와 함께 시작되었다. 고종은 임금으로 즉위하면서 임진왜란 후 오랫동안 버려졌던 경복궁을 중건했다. 경복궁의 중건으로 정치의 중심이 북촌의 동쪽(창덕궁)에서 서쪽(경복궁)으로 이동했지만 북촌의 중요성은 변함이 없었다.

세도정치를 타파하고, 서구와 교류가 당면 과제였던 고종은 경복궁의 중건과 함께 의정부의 기능을 정상화하고, 삼군부를 다시 설치해 국방을 강화하면서, 서구국가와 교류를 시작했다.

시대의 변화가 북촌에서 나타나기 시작한 것은 1895년에 설립된 관립재동소학교(현 재동초등학교)였다. 보통교육의 시대가 열린 것이다. 1897년 대한제국의 출범과 함께 변화가 본격화되었다. 1899년 서양식 교육제도를 도입한 후, 1900년 김옥균의 집터에는 관립한성중학교(현 정독도서관)가 설립되었다. 오늘의 경기고등학교이다.

일본에 주권을 빼앗기면서 북촌 역시 변화되었다. 땅의 주인도 바뀌고, 땅의 모양새도 바뀌었다. 국권을 잃어버린 나라에서 용도가 사라진 공공기관이 있던 자리에는 조선총독부의 필요에 따라 새로운 기능이 들어섰다. 이왕직장관 관사(현 대동세무고등학교 자리)와 위생실행사무소,

조선식산은행사택(현 열린송현 녹지광장 자리)이
조선총독부 주도로 들어섰다.
한인 자본에 의한 학교도 북촌에 들어섰다.
1906년 관상감 터에 민영휘가 세운
휘문의숙(현 휘문고등학교), 1917년에는
중앙고보(현 중앙고등학교)가 들어섰으며,

1922년에는 경성공립여자고등보통학교(현
경기여자고등학교)가 헌법재판소 자리에 들어섰다.
경성공립여자고등보통학교 자리는 갑신정변
주역의 한 사람인 홍영식의 집이 있던 곳이었다.
갑신정변의 주역이었던 김옥균과 홍영식의 집터가
근대교육의 시작점이었다는 점이 흥미롭다.

낙원상가 아파트 옥상에서 바라본 북촌. 오른쪽 아치창이 있는
빌딩이 휘문고등학교 터에 지어진 현대건설 사옥이다.

북촌로,
북촌에 남은 전쟁의 흔적

경복궁은 백악을 주산으로, 창덕궁은 응봉을 주산으로 자리한다. 북촌은 한양도성을 구성하는 북쪽의 가장 큰 두 봉우리(백악과 응봉)가 남사면을 따라 펼쳐진 사이에 위치하는데, 원서동, 계동, 가회동은 두 산 사이에 형성된 주름 사이의 작은 골짜기를 끼고 남북으로 길쭉하게 자리 잡은 동네다. 가운데 가장 낮은 곳에는 물길이 있고, 물길 옆으로 길이 나란히 있었다. 그렇게 만들어진 길은 근현대기를 거치며 물길과 하나되어 원서동의 창덕궁길, 계동의 계동길, 가회동의 북촌로가 되었다.

지금은 북촌로가 창덕궁길이나 계동길과 비교할 수 없을 정도로 큰길이지만, 얼마 전까지만 해도 북촌로 역시 다른 길과 별반 다르지 않은 정도의 길이었다. 1962년 항공사진에서 볼 수 있는 것처럼 북촌로 역시 남북으로 형성되어 있는 북촌의 여느 길과 다를 바 없는 길이었다. 그런데 2000년을 전후한 시점에 북촌로가 오늘과 같이 확장되었다. 빌딩군이 즐비한 시가지에 개설됐음직한 규모의 왕복 4차선 도로가 조선시대의 도시조직 한복판에 만들어진 것이다.

그 뿌리는 일제강점기, 구체적으로 일본이 일으킨 1941년의 아시아태평양전쟁으로 거슬러 올라간다. 1937년의 중일전쟁으로 시작해서 아시아태평양전쟁으로 확대된 전쟁은 이전 전쟁과 달리 비행기가 전략 병기가 되면서 전쟁의 양상이 이전과는 크게 달라져 있었다. 비행기로 상대 도시를 공략하여 무력화시키는 것이 승패의 관건이 되었기 때문이다. 이는 곧 공습으로부터 도시를 보호하는 것이 전쟁 승리에서 중요했음을 의미한다.

공습으로부터 도시를 보호하기 위해서는 도시가 폭격을 맞더라도 폭격으로 인한 화재 피해를 최소화할 도시적 장치가 필요했다. 이를 위해 조선총독부는 하늘에서의 공격을 방어하는 방공법(防空法)을 만들었다. 방공법의 요체는 크고 작은 필지로 가득찬 한양도성에서 기존 길은 넓히고, 큰 땅 사이로는 큰길을 새로 만드는 것이었다. 이 길을 우리는 '소개도로(疏開道路)'라고 한다. 소개도로는 화재가 인접지역으로 번지는 것을 막기 위해 개설한 폭 20미터에서 50미터에 이르는 도로인데, 소개도로가 지나가는 곳의 모든 건물은 강제로 철거되었다. 동시에 북촌 곳곳의 큰집과 공공시설에는 방공호가 만들어지기 시작했다.

북촌을 동서로 가르는 남북방향의 소개도로는 경복궁과 창덕궁 사이를 정확히 둘로 나누는 곳에 기존 도로를 폭 20미터로 확장하는 계획이었다.

그러나 다행히도 아시아태평양전쟁이 한반도에
대한 전면 폭격이 이루어지기 전에 일본의
패전으로 끝나면서 도로 확장은 진행되지 않았고,
계획선으로만 남았다. 그러나 사대문 안을 동서와
남북으로 갈라놓을 뻔했던 소개도로 계획은
해방후 내사산으로 둘러싸인 수많은 골짜기로
구성된 한양도성을 격자형 도로망으로 재편하는
밑그림이 되었다.

전시체제에 그어졌던 소개도로 선은 경제
개발기를 거치며 도시계획 도로 선으로 바뀌었다.
해방 후 50년 가까운 세월 동안 집행되지 않았던
소개도로에 기초한 북촌로 확장이 1988년의
서울올림픽도 끝나고 북촌살리기 운동이
한창이던 시절에 느닷없이 시행되면서 북촌로는
왕복 4차선이 되었고 오늘의 북촌 풍경을
만들었다.

북촌에서 전혀 북촌답지 않은 도로가 '북촌'이라는
이름을 딴 지금의 '북촌로'다. 그리고 그 도로가
20미터로 확장되면서 도로 전면에 드러난 집이
설화수 북촌 플래그십 스토어의 한옥이다.

전쟁이 한창이던 1940년에 창간된 《도시와건축》 창간호(1940년
5월호) 표지

17

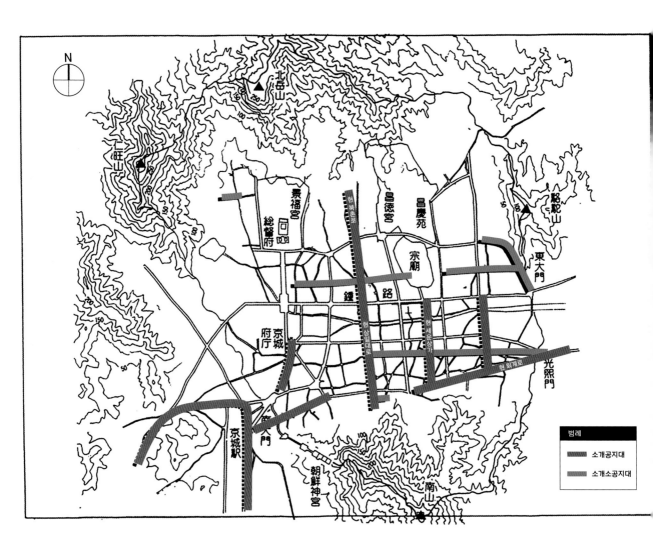

일제강점기 말 소개공지대와
소개소공지대 개설 예정도.
현재 서울 도로망의 근간이 되었다.

소개공지대 개설 예정 도로가
현재의 북촌로가 되었다.

가회동,
1962 vs. 2022

60년의 시차가 있는
흑백사진(1962)과 컬러사진(2022) 사이에는
얼마나 큰 차이가 있을까?
1962년 사진에서 가장 눈에 띄는 것은 검은
바탕 곳곳에 위치한 큼직한 흰색 마당이다.
검은색(회색)은 기와지붕이고, 흰색은 길 또는
마당이다. 눈에 확 띄는 흰색은 큰 마당, 즉
운동장이다. 흑백사진과 컬러사진이라는 차이를
감안하더라도 1962년 항공사진에서 첫눈에
들어오는 곳은 넓은 빈 땅이다. 이 땅은 예외 없이
운동장이었다.
이 땅을 운동장으로 쓰는 학교는, 경기고등학교,
중앙고등학교, 휘문고등학교, 풍문여자고등학교,
덕성여자고등학교, 창덕여자고등학교,
대동상업고등학교다. 이 중에서 지금까지 북촌을
지키고 있는 학교는 대동상고, 중앙고, 덕성여고
정도다. 반 이상의 학교가 도심을 벗어난 것이다.
다행히 재동초등학교는 아슬아슬하게 자리를
지키고 있다.
경기고등학교 터는 정독도서관으로 바뀌었지만,
휘문고등학교 터에는 현대건설 사옥이 지어졌고,
창덕여자고등학교 터에는 헌법재판소가
지어졌다. 정부는 강남개발을 촉진하는 방편으로
명문고등학교를 강제로 옮기면서 학교가 떠난
자리에는 강북에 모자란 공원을 만들겠다고
했지만, 그 약속은 경기고등학교 터에서만
지켜졌을 뿐이었다.
흥미로운 것은 왜 현대건설과 헌법재판소가
학교가 떠난 자리를 차지했을까 하는 점이다.
당시에도 여전히 강북이 서울의 중심이었기
때문이다. 우리나라 굴지의 재벌이 자신의 사옥을
짓고 싶어한 곳이었고, 이 땅 법치 체계의 중심을
잡는 최고의 기관임을 자부하는 헌법재판소가
자신의 격에 맞는 위치라고 생각하던 곳이었다.
그런데, 지금은 어떤가?
10년이면 강산도 변한다는 말이 있다. 지금은
의미를 갖기 힘든 말이 되었다. 오늘의 강산은
1년이 멀다하고 바뀌고 있기 때문이다.

북촌 일대 항공사진 1962년.
출처: 서울시

북촌 일대 위성사진, 2022.
출처: 국토지리정보원

지도에 새겨진 이름

오늘날 지도에
사람 이름이 있는 경우가 있을까?
있기는 하다.
우리에게는 사람 이름을 도시나 도로 또는 광장의
명칭으로 사용하는 전통이 없지만 최근에는 사람
이름을 도로나 광장의 명칭으로 사용하는 경우가
심심찮게 등장하고 있다.
세태가 변한 것이다.
그렇지만 최근 몇몇 사례를 제외하고는 여전히
사람 이름을 지도에서 찾기란 쉽지 않다.
지도가 갖는 공공적 성격 때문이다. 하물며 100년
전에 그런 사례가 있을 턱이 없다.
그럼에도 일제강점기에 조선총독부에서 발행한
지도 곳곳에서 사람 이름을 발견할 수 있다.
그것도 한인 이름을….
왜?
어떤 이름이 지도에서 발견될까?
북촌지역에서 확인되는 이름은 윤택영, 민대식,
이재완, 한창수, 송병준, 이기용, 박제순, 한상룡
등이다. 이들을 간략하게 소개하면 다음과 같다.

- **윤택영**(尹澤榮, 1876~1935): 순종의 장인으로
  윤덕영 동생이다. 윤택영은 친일귀족이었으나,
  아들 윤홍섭은 독립운동가였으며, 신익희와
  장덕수의 일본 유학비용을 지원하기도 했다.
- **민대식**(閔大植, 1882~미상): 휘문고등학교
  설립자인 민영휘의 맏아들로 일제강점기
  한인자본의 동일은행을 창설한 은행가다.
- **이재완**(李載完, 1855~1922): 조선의 왕족이자
  대한제국의 황족이다. 궁내부대신, 숭녕부총관
  등을 역임한 관료로 일제로부터 귀족작위를
  받은 친일반민족행위자다.
- **한창수**(韓昌洙, 1862~1933): 일제강점기
  중추원참의, 중추원고문, 이왕직장관을 지낸
  친일반민족행위자다.
- **송병준**(宋秉畯, 1857~1925): 조선말기의 무관이며
  정미칠적 중 한 사람이다. 일진회 일원으로
  일제의 한국 강점에 협력하고 일제로부터
  자작 작위를 받은 후 백작으로 승급된
  친일반민족행위자다.

- **이기용**(李埼鎔, 1889~1961): 흥선대원군의 맏형인 이창응의 장손으로 왕족이다.
- **박제순**(朴齊純, 1858~1916): 조선 말기와 대한제국기에 정부 관료를 지냈으며, 일제강점기 일본정부로부터 자작 작위를 받은 을사오적으로 친일반민족행위자다.
- **한상룡**(韓相龍, 1880~1947): 일제강점기의 관료 겸 금융인, 기업인으로, 조선총독부 중추원의 참의와 고문을 지낸 친일반민족행위자다.
- **이윤용**(李允用, 1854~1939): 대한제국기에 궁내부 특진관, 궁내부 대신을 역임한 관료로 1909년 의병 진압에 협력하고, 일본정부로부터 훈장과 귀족작위를 받은 친일반민족행위자다.

1915년과 1921년 조선총독부에서 제작한 지형도에서 확인되는 이름은 대부분 종친이거나 조선말과 대한제국 그리고 일제강점기에 고위 관료를 지낸 인물로 해방 후 친일반민족행위자로 판정된 사람들이다.

북촌은 조선 개국 이래 권문세가의 거주지였던 까닭에 조선총독부 지형도에서 발견되는 인물들 외에 갑신정변을 주도했던 김옥균과 홍영식을 비롯해서 천도교 지도자로 3.1만세운동에서 주도적인 역할을 했던 손병희와 박인호 등도 거주했다는 사실에서 알 수 있듯이 북촌은 시대를 대표하는 사람들의 거주지였지만, 이들의 이름은 지도에서 찾을 수 없다.

그래서 궁금해졌다.

설화수의 한옥과 오설록의 양옥이 들어선 땅에는 누가 살았었을까?

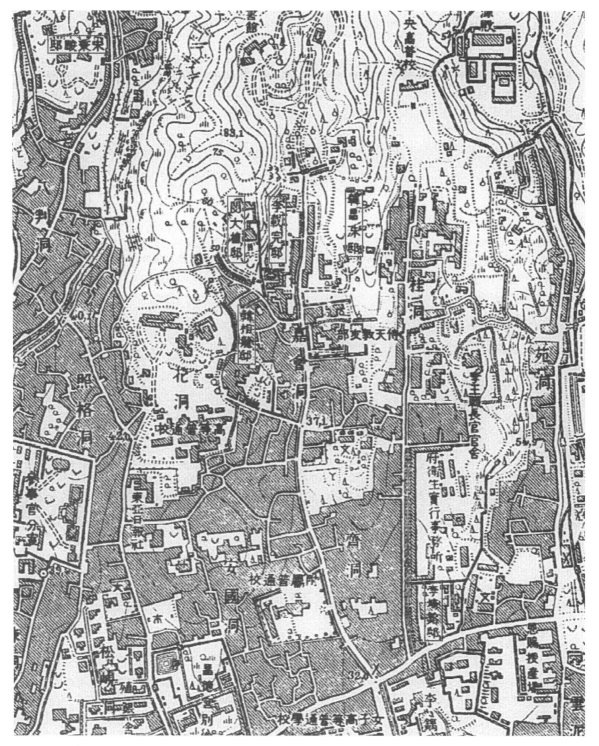

조선총독부 지형도.
출처: 육지측량부 발행,
1922년 7월 30일 인쇄

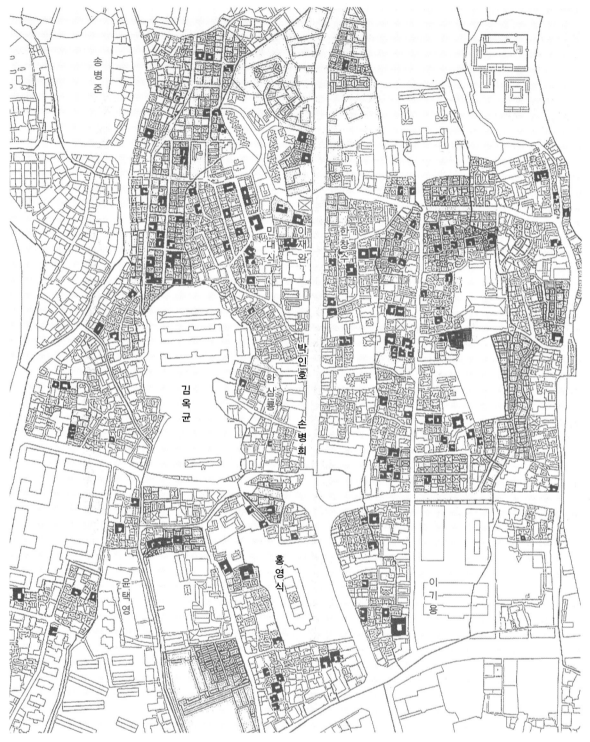

송병준

김옥균

송인호 제공

민대식

이재완

한창수

박인호

한삼룡

손병희

유택영

홍영식

이기용

도시한옥으로 개발된 대형 필지의 소유자,
송인호 제공

북촌,
권문세가의 땅에서 자란
개화의 씨

북촌은 권문세가의 땅이었지만,
개화의 씨가 자라던 곳이기도 했다.
경복궁과 창덕궁 양 궐 사이에 있는 북촌은 우리
역사에서 항상 새로움이 시작되던 곳이었다.
조선을 연 신흥사대부가 살던 곳이고, 조선말
갑신정변의 주역인 김옥균이 살았고, 박규수와
홍영식도 살았다. 갑신정변의 실패로 외국으로
망명한 김옥균의 집터에는 관립한성중학교(해방
후 경기고등학교를 거쳐 현 정독도서관)가 설립되어 인재
양성의 터가 되었다. 홍영식의 집안은 갑신정변
후 멸문지화를 당했고 집터는 최초의 서양식
의료기관인 제중원으로 사용되다가 지금은
헌법재판소의 일부가 되었다. 헌법재판소 뒤에는
박규수의 집이 있었다.

누적된 조선 사회의 모순을 혁파하고자 일어난
동학을 계승한 천도교 역시 북촌에 터를
마련했다. 1905년 동학을 천도교로 바꾸고
천도교의 중흥을 이끌었으며, 3.1만세운동의
주역이었던 천도교 3대 교주 손병희와 4대 교주
박인호가 살던 땅 역시 가회동이었다.
지도에 이름을 남긴 사람 대부분이
친일반민족행위자라는 평가를 받았다는 사실은
총독부 지형도에 이름을 새긴 것이 조선총독부의
배려였다는 의미일까? 흥미로운 것은 1920년대
이후 지도 위 이름의 땅들이 하나씩 해체되어
수많은 도시한옥이 들어섰다는 점이다. 이는
북촌의 주인이 바뀌는 결과로 이어졌다. 이제
북촌은 권문세가의땅이 아니라 오늘의 한국을
움직이는 우리의 땅이 되었다.

1 김옥균 집터-경기고등공립보통학교-현 정독도서관

2 홍영식 집터-경성공립여자보통학교-현 헌법재판소

3 휘문의숙-휘문고등학교-현 현대건설 사옥

4 중앙학교-중앙고등보통학교-중앙고등학교

출처: 대경성부대관(1936)의 가회동 일원.
서울역사박물관 소장 자료로 여러 쪽에 걸쳐 나뉘어있는 것을
건축가 황두진이 이어 붙였다.

가회동 79번지,
설화수의 한옥과 오설록의 양옥
땅의 주인들

경성부 관내지적목록에 따르면, 1912년에 가회동 79번지는 남정철의 소유였다. 남정철(南廷哲, 1840~1916)은 대한제국기에 한성판윤과 텐진주차독리통상사무관, 평안도관찰사를 거쳐 내부대신을 지냈으나 일제강점기에 일제로부터 남작 작위와 은사공채(恩賜公債)*를 받은 친일반민족행위자다. 1916년 남정철 사망 후 필지가 나눠졌는데, 이 중에서 가장 큰 79-1번지는 천도교에서 소유했다. 땅 주인은 천도교 제4대 교주인 박인호(朴寅浩, 1855~1940)였다. 그러나 79-1번지는 1927년에는 삼베 가게를 경영했던 배동혁에게 소유가 넘어갔다. 배동혁은 삼베 가게를 운영하며 한글로 된 문헌을 남긴 것으로 유명한데, 후에 대한천일은행에도 참여한 성공한 자본가였다.

천도교 제4대 교주인 박인호는 우리에게 널리 알려진 인물은 아니지만, 일제강점기에 손병희에 이어 천도교의 교주가 된 독립운동가였다. 1905년 손병희에 의해 동학이 천도교로 개편된 후 1908년에 제4대 교주가 되었으며, 3.1운동에서 주도적인 역할을 했다.

● 은사공채는 일왕의 은혜를 담은 채권이라는 의미를 가진 포상금 성격의 공채다. 일제의 한국강제병합에 협력해 귀족이 된 친일파의 경제적 지위 확보를 위해 일제가 교부한 공채다.

79-1번지 일대에는 박인호뿐 아니라 천도교 관련 인사가 소유한 필지가 더 있었다. 79번지 아래에 위치한 가회동 170번지의 소유주가 손병희(孫秉熙, 1861~1922)였다. 손병희는 천도교 제3대 교주로 3.1만세운동의 주역이다. 손병희는 동학농민혁명 이후 침체된 동학을 종교정치결사로서 지위를 확고히 하면서 1905년 12월에 동학을 천도교로 이름을 바꾸었다. 또한 일진회와 관계를 정리하고 천도교 교세를 빠르게 성장시켰다. 79-1번지와 인접한 필지는 이때 구입한 것으로 판단된다. 이는 조선말 권문세가와 종친의 거주지였던 북촌에, 동학을 이은 천도교가 뿌리 내렸다는 것을 보여주는 장이다.

그런데 1921년 총독부지형도에는 손병희와 박인호의 땅 건너편에 시천교 지부가 표시되어 있다. 시천교는 이용구가 창시한 친일노선의 신흥 종교다. 어떻게 항일노선의 민족종교인 천도교와 친일노선의 시천교가 도로를 사이에 두고 마주하게 되었을까?

이유는 간단하다. 사실 잘 알려져있지 않지만, 천도교와 시천교는 뿌리가 같다. 시천교의 창시자인 이용구는 손병희와 함께 천도교 발전에 이바지했으나, 러일전쟁이후 친일 노선을 유지하면서 동학에서 축출된 후 1906년에 시천교를 세웠다.

북촌에는 천도교 관련 시설과 천도교가 소유했던
땅이 곳곳에 있었던 것이다. 가회동 79-1번지
건너편의 178번지는 그중 한 곳으로 이용구가
동학에서 갈라져 나가면서 시천교 지부를 설치한
곳이다.

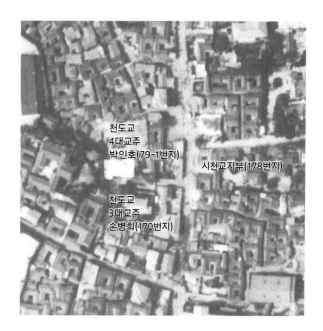

1917년

- 가회동 79-1번지 박인호
- 79-2번지 남장ㅇ
- 79-3번지

1927년

- 가회동 79-1번지 김용성(1897~) 일제강점기
  대한민국임시정부 주미외교부위원부 외교위원장을
  역임한 독립운동가
- 가회동 79-2번지 백남훈(1885~)
- 가회동 79-3번지 이병목
- 가회동 79-4번지 김중옥
- 가회동 79-5번지 경성부

1921년 조선총독부 지형도.
'가회동(嘉會洞) 지명 표시 글자 가운데
'가회' 두 글자 있는 부분이 설화수
북촌의 땅이다.

집:

한옥

vs.

양옥

리노베이션 전과 후

DL이앤씨 제공

가회동 두 집의 공사 전 모습

가회동 두 집의 공사 후 모습

공사 전

'북촌로'가 왕복 4차선 도로로 확장되면서 아무런 준비 없이 거리에 내앉게 된 한옥은 있는 모습 그대로를 거리에 드러냈다. 앞집이 잘려 나갈 때 집만 철거된 것이 아니라 땅도 함께 잘려 나갔다. 그래서 북촌로의 서쪽에는 북촌에서는 좀처럼 볼 수 없는 축대 위에 얹힌 한옥이 줄지어 있게 되었다.

율곡로 북쪽의 조용한 주거지에 있던 한옥이 왕복 4차선 도로에 면하게 되자 용도가 달라졌다. 북촌의 한옥 보존운동이 성과를 거두면서 북촌을 찾는 사람이 많아졌고, 그들을 상대로 한 작은 상점들이 확장된 거리에 면해 하나둘 들어서던

시기에 79번지 앞 한옥 역시 예외 없이 작은 상가로 바뀌었다. 그런데 한옥에서 장사를 하려면 마당을 향하고 있는 채를 거리 쪽으로 틀어야 했고, 행랑채와 나란히 있던 대문간은 없애야 했다.

거리에 면할 수 있는 채를 가지지 못한 작은 한옥은 마당을 낮추고 지붕을 덮어 작은 상업공간을 만들었다.

그렇게 20여 년을 지내다 새 주인을 만나 새롭게 자리매김했다.

건축가는 한옥이 도시와 만나는 방법을 제시했고, 중정으로 한옥과 양옥을 만나게 했으며,

공사 후

양옥에서 자신의 존재를 확인하게 했다.
건축가는 전통건축의 가치는 병치에 있다고 했다.
전통주택은 안채, 사랑채, 행랑채로 구성되지만
각 공간은 위계에 의해 구분되지 않는다. 각 채는
기능 단위로 독립적 공간을 이루며 자신에 맞는
레벨에 자리한다. 이렇게 독립적인 공간이 서로
조화를 이루며 또 하나의 무언가를 만들어낸다.
이것이 한옥이 가진 병치의 미학이라는 것이다.
가회동 두 집, 한옥과 양옥 역시 정돈된 조화가
아니라 자연스러운 병치를 통해 아름다움을
만들어냈다.

북촌로,
석축 또는 옹벽

북촌로를 가로지르는 횡단보도를 지나다
횡단보도 중앙에서 잠시 멈추고
도로의 좌우를 쳐다보면,
자신이 서 있는 땅이 주변보다 낮다는 사실을
쉽게 확인할 수 있다.
왜, 낮지?
북촌로가 물이 흐르던 골이었기 때문이다.
북촌로는 길과 골짜기를 흐르던 물길을 덮어

만들어졌다. 가회동뿐 아니라 북촌의 모든 동네는
개천이 흐르는 골짜기를 가운데 끼고 형성된 까닭에
남북으로 긴 행정구역의 모습을 갖추고 있다. 원서동,
계동, 가회동이 그렇다. 골짜기에는 물이 흐르고,
물길 옆에 난 오솔길을 따라 북촌 동네를 오르내릴
수 있었다. 자연스럽게 집은 오솔길 옆 또는 물길
건너에 자리 잡았다. 시간이 지나 물길을 덮어
배수로로 만들고 배수로 위는 도로가 되었다.

북촌로의 확장으로 옹벽 위의 집이 된 가회동의 한옥들

일제강점기말 전시체제에서 일본정부는
북촌에도 소개도로망 개설계획을 세웠다.
다행히 소개도로가 개설되지 않은 채 해방을
맞이했다. 하지만 전쟁에 대비해서 마련된
소개도로계획은 해방 후 폭 20미터의 4차선
도로를 위한 도시계획선으로 바뀌었다.
1990년대부터 북촌로의 확장이 서서히
진행되다가 2000년에 오늘의 북촌로가 갖춰졌다.

골짜기의 가장 낮은 곳에 개설된 도로가 확장되면
반드시 나타나는 장면이 경사지의 절토면이고
절토면에는 석축 또는 옹벽을 쌓았다.
특이하게 북촌로의 동쪽 가로입면에서는 석축이나
옹벽이 보이지 않고 서쪽 가로입면에서만 보이는데,
이는 서쪽으로만 도로 확장이 이루어지면서 서쪽
지형이 잘려나갔기 때문이다. 당연히 도로에 면했던
작은 집들도 함께 잘려 나갔다.

최욱의 집짓기, 집터 확인하기

설계의 시작은 조립식 건축인 한옥을 철거하고 대지를 확인하는 작업이었다.
북촌로의 확장 과정에서 설화수 북촌 한옥의 앞집이 도로에 편입되면서 철거되었고, 땅도 잘려 나갔다.
그 과정에 생긴 야트막한 석축 위로 한옥의 집터가 드러났고, 얇은 켜의 집터 뒤로 6미터에 달하는 옹벽과 기존 양옥에 이르는 계단 주변의 옹벽이 드러났다.

건축가의 첫 과제는 도로가 확장되며 전면에 드러난 한옥과 도시의 만남을 재설정하는 것이었다.
기존 한옥과 도로의 관계를 재점검하고 도로에 면하게 된 행랑채의 역할을 바꾸었다. 두 번째 과제는 한옥과 양옥을 가로막고 있는 옹벽이었다.
옹벽은 양옥을 짓기 위한 평평한 집터를 만들기 위해 아랫집은 아랑곳하지 않은 채 세워졌다. 옹벽이 한옥에 얼마나 위협이었는지 현장을 확인하기 전까지는 아무도 인지하지 못했다.

한옥이 철거된 후 집터와 옹벽 모습

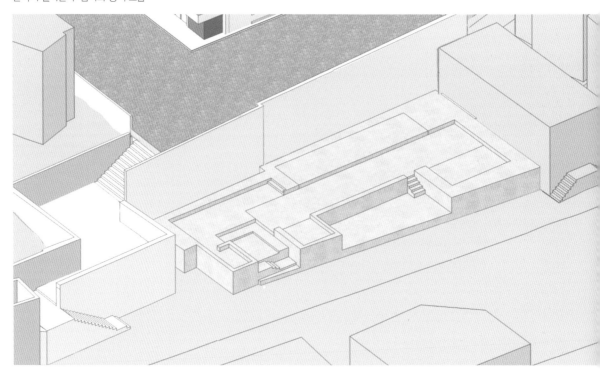

설화수 한옥 기단

한옥 뒤 옹벽 철거 후 중정이 설치된 모습

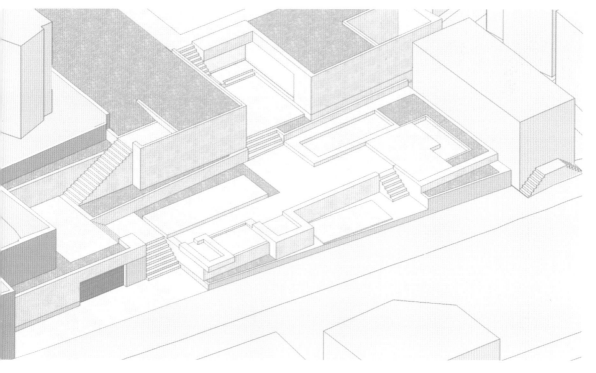

한옥, 도로를 향하고,
옹벽, 해체되다

한옥의 집터는 쉽게 확인되었다. 도로 안쪽에
있던 한옥이 대로에 면하게 되면서 행랑채는
상가로 바뀌고, 행랑채의 출입은 보행로의 높이에
맞춰졌지만, 한옥의 원 마당은 껑충한 높은 곳에
자리하게 되었다. 그 모습이 한옥의 해체와 함께
고스란히 드러났다.
한옥을 위협하던 6미터 높이의 옹벽은
해체되었고, 한옥과 양옥 사이에 숨쉴 수 있는
작은 마당이 만들어졌다.

1   한옥의 집터와 옹벽 철거 후 중정 모형
2   한옥의 목구조가 엎혀진 모습
    원오원 아키텍스 제공

양옥, 옹벽 위 하얀 양옥

북촌로에서 계단을 올라 옹벽 위에 올라서면
비로소 대문을 만날 수 있었다. 대개 길가에
대문이 있지만 기존 양옥은 길에서 계단을 한번
더 올라야 한다. 1960년대 웬만한 부자도 갖추기
힘든 모양새를 갖춘 집이다.
집 앞의 향나무도 눈에 들어오지만,
대문간 옆의 정성스레 꾸민 작은 창문이 먼저
눈에 들어온다. 이 집을 찾는 이가 대문을
들어서기에 앞서 방문 이유를 밝히기 위해

두들겨야하는 문이다. 바로 경비실의 창이다.
경비실이 있는 주택!
이 집은 1960년대 우리나라 굴지의 회사 대표가
살던 집이었다.

1 공사 전 양옥 출입 계단
2 양옥의 계단과 중간 대문
3 옹벽 위 양옥의 대문과 경비실 창
   원오원 아키텍스 제공

최욱의 집짓기,
일보일경一步一景

건축가 최욱은 한옥과 양옥을 하나로 엮으며, 장소를 달리하고 레벨을 달리하며 이동하는 거리에 주목했다. 그리고 그 거리를 걷는 동안 의미 있는 장소마다 각기 다른 풍경이 펼쳐졌다. 최욱은 이것을 '일보일경(一步一景)'이라고 했다.

최욱은 15년 전 이 집을 처음 봤다고 한다.

"가회동 대로변에 그렇게 큰 집이 있을 줄은 몰랐어요. 예전엔 굉장히 높은 축대가 있었어요."

이 말은 양옥에 대한 최욱의 첫 일경(一景)이었던 듯하다. 그런데 또 다른 일경(一景)이 집 안에서 펼쳐졌다.
안으로 들어갔더니

"집 길이가 길어서, 이렇게 긴 집이 숨어있었구나! 놀랐죠. 옥상에 올라갔더니 옛 서울 모습이 그대로 보였어요."

이제는 이 장면을 누구나 북촌 오설록에서 확인할 수 있지만, 양옥이 오설록으로 새로 태어나기 전까지만 해도 양옥의 전체 규모와 양옥이 가지고 있는 잠재력을 가늠하기 어려웠다.

남쪽을 향해 펼쳐진 길이가 30미터가 넘는 큰 집이지만 북촌로에서는 측면만 보이고 전면은 인지되지 않기 때문이다.
최욱의 이야기는 계속된다.

"서울 성곽을 산이 둘러싸고 있고요. 남산, 인왕산, 낙산, 북한산… 관악산, 청계산까지 보였던 것 같아요. 한옥마을도 한눈에 들어오고, 서울의 지리적 특징과 한옥을 한눈에 볼 수 있는 독특한 장소라서 인상적이었지요."

최욱은 설계를 통해 북촌로에서 바라본 일경(一景)과 양옥 안에서 바라본 또 다른 일경(一景) 사이에 수많은 장면을 만들어냈다.
'일보일경(一步一景)'이다.
'일보일경(一步一景)'은 이 집을 관통하는 키워드다. 엄격히 말해 그가 풍경을 만들어 낸 것이 아니라 풍경이 눈에 들어오는 장소를 찾아냈다고 하는 것이 옳다. 물론 풍경이 펼쳐지는 장소를 찾는 것은 건축가의 몫만은 아니다. 우리 중 어느 누구도 최욱이 놓친 장면을 찾아낼 수 있고, 최욱과는 다른 풍경을 잡아낼 수 있다. 그러나 더 중요한 것은 최욱은 장소와 장면을 찾았지만, '때'를 찾아내는 것은 우리 모두의 몫이라는 점이다.

북촌길을 따라 걷다 만나는 설화수의 한옥

일보일경,
안과 밖을 넘나들다

개조 전과 개조 후 겉모습은 크게 다르지 않다.
하지만 들여다보면 볼수록 달라진 것이 한둘이
아님을 알 수 있다.
모든 것이 있던 자리에 그대로 있기 때문에 달라진
것이 없는 것처럼 보인다. 하지만 이 집이 지어지기
전과 지어진 후의 북촌은 크게 달라졌다. 집에
대한 평도 아주 좋다.
왜?
무엇이 사람들을 감탄하게 할까?

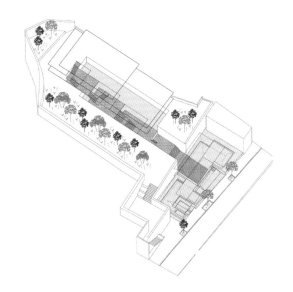

단면계획 초안

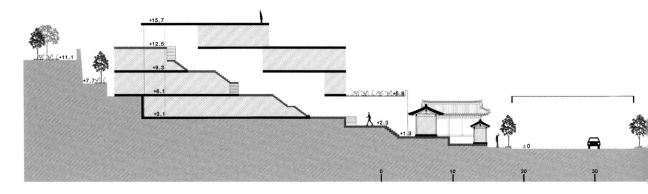

모든 것이 있던 자리에 그대로 있는 것처럼
보이지만 건물 안의 상황은 전혀 다르다.
한옥과 양옥 사이에서 양옥을 받치고 한옥을
압박하던 옹벽이 사라졌다. 옹벽이 제거된
자리에는 중정이 만들어졌다. 중정은 양옥 지하로
이어져 1층 거실로 연결된다. 그렇게 만들어진
내부 동선은 놀랍게도 양옥이 지어지기 전
원지형을 닮았다.
아모레퍼시픽의 새집은 재구축된 지형에 기대어
서로의 공간을 재구성했다.

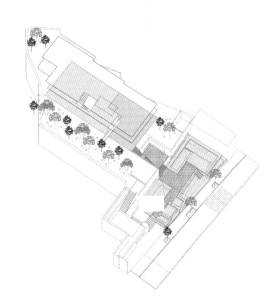

단면계획 최종안

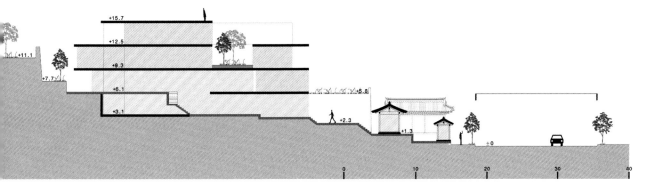

대지의 건축화

북촌로에 면한 한옥을 들어내자 한옥을 구성하고
있는 각 채가 앉은 자리의 모습이 드러났다.
동시에 6미터에 달하는 거친 옹벽도 드러났다.
물이 흐르던 개천을 가운데 두고 서쪽으로
경사져 있던 구릉에 6미터 높이의 옹벽이 생긴
것은 양옥을 짓기 위해 성토하고 옹벽을 쌓았기
때문이다. 아래에 있는 한옥을 누르고 쌓은 옹벽
위로 길이 30미터에 달하는 양옥을 지었지만,
높은 옹벽 안쪽 깊은 곳에 자리한 양옥의 규모는
거리에서 인지되지 않았다.
한옥을 수리하기 위해 한옥의 부재인 기와와
기둥·보·서까래를 하나하나 해체하고 나니
한옥이 앉은 터가 드러났다. 이렇게 작은 한옥이
거대한 옹벽을 감추고 있었다니 놀라웠다.

건축가의 첫 과제는 한옥 뒤에서 한옥을 짓누르고
있던 옹벽 위 양옥과 옹벽 아래 한옥을 이웃으로
만드는 작업이었다.
건축가는 옹벽을 철거했다. 옹벽을 철거하고
성토하며 부었던 흙을 다시 덜어낸 후 그 자리에
작은 중정을 만들었다. 그리고 중정 주변의
지하공간을 증축해서 한옥과 마주할 수 있게 했다.
한옥은 본질적으로 지하층을 가질 수 없는 집이다.
이에 반해 양옥은 지하층을 가질 수 있는 집이다.
기존 양옥은 충분한 넓이의 지하공간을 만들면서
원지형을 많이 바꾸어 놓았다.
보통의 지하층은 사람들이 거주할 수 없는
공간이지만 중정을 둘러싸고 증축된 지하층은
한옥과 마주하며 건축화된 대지의 일부가 되었다.

옹벽과 성토해 덮은 옛 언덕이 길로 되살아났다.

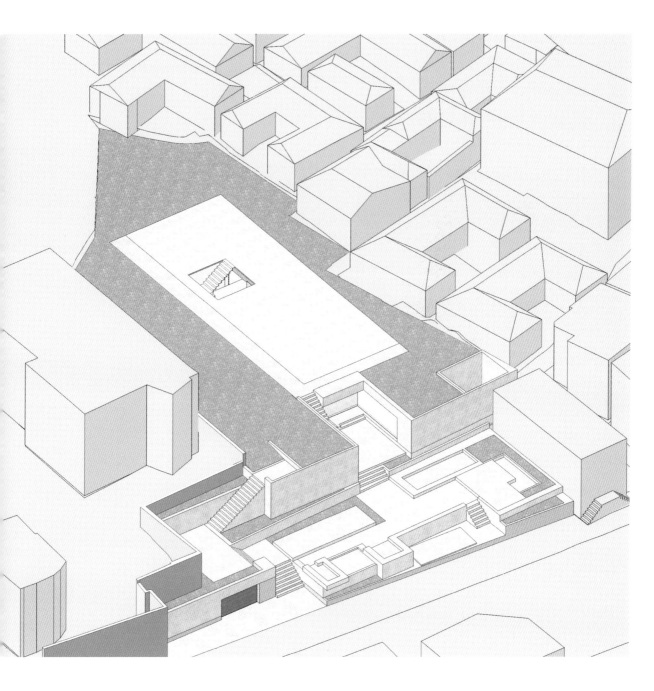

원지형 산책

'집짓기'라고 표현했지만 가회동 두 집은
보통의 집짓기와 크게 다르다. 한옥을 해체한
후 구조체를 그대로 유지한 채 벽체만
재구성했고, 양옥은 통상적으로 이야기하는 '집
고치기(리노베이션)'에 해당하는 작업이다. 게다가
집의 원형을 유지하면서 많은 부분의 원래 모습을
복원했다.
'고친 정도의 집'에
'집짓기'라는 표현을 사용해도 될까?
된다.
분명 최욱은 평범한 집을 짓지 않았다.
사실 최욱이 온전하게 새로 손을 댄 곳은 한옥과
양옥 사이에 설치한 중정 그리고 중정을 둘러싸고
있는 이웃한 지하공간 정도였다.
그런데 집은 완전히 달라졌다.
가회동 두 집의 핵심은 두 개의 중정과 둘 사이의
연결 통로다.
하나는 하늘로 열린 중정이고, 다른 하나는
지하층 끝에서 양옥의 1층으로 연결되는 개방형
계단실이다.

북촌로에서 열린 대문을 올라 설화수의 마당을
거치면, 한옥과 양옥 사이에 마련된 중정을 만날
수 있다. 15cm 안팎의 야트막한 단을 두세 개
오르면 중정이 나온다. 사람이 붐비지 않은 때 이
중정 앞에 서면 내가 이 공간의 객이 아닌 주인인
듯한 착각을 하게 된다.
실내로 들어가 눈앞의 계단을 옆으로 돌아
올라서면 공간 저 끝 막다른 곳에 계단이
보인다. 전혀 부담스럽지 않은 이 계단을 오르면
설화살롱이 나오는데 양옥의 한복판이다.
이 과정을 입체 단면도가 보여준다.
바로 이렇게 지나온 길이 바로 원지형의
지표면이었다.
건물을 철거하고 흙을 채워 원지형을 회복한 것이
아니라 옹벽이 들어서기 전부터 있었던 한옥 뒤
옹벽을 철거하고 텅 빈 중정을 만들고 지하층
공간의 경계마다 단을 만들어 한 걸음 한 걸음
오르다 보면 어느새 양옥의 1층 거실에 이르게
된다.
우리는 사라졌던 원지형의 구릉을 설화수의
공간을 경험하며 오른 것이다.

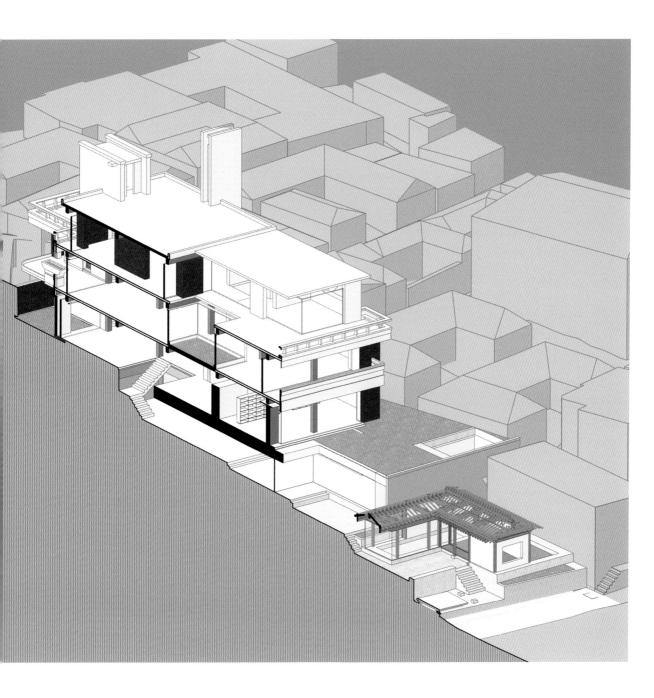

설계 전

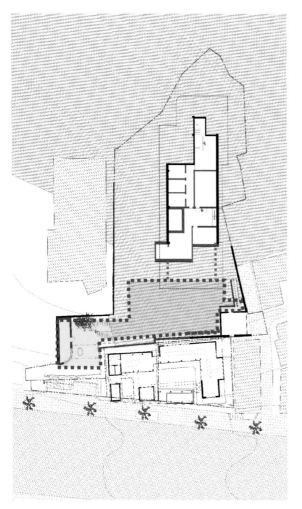

지하1층 평면도

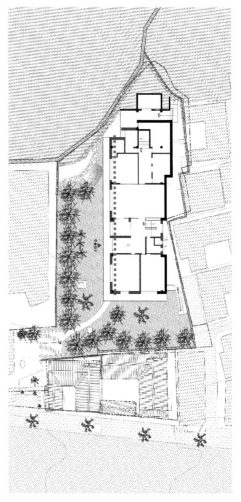

1층 평면도

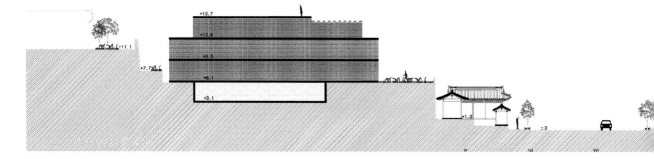

설계 후

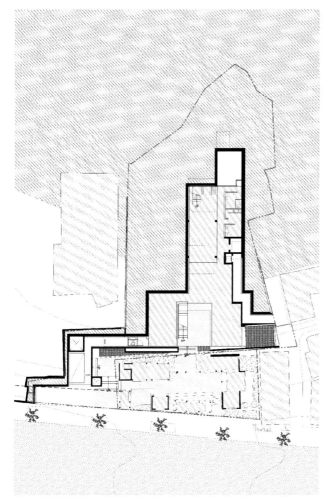

지하1층 평면도

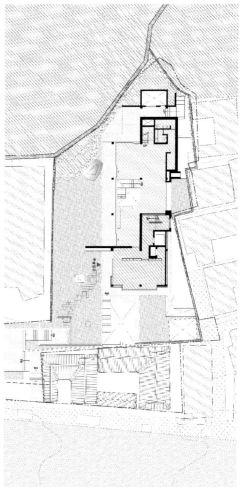

1층 평면도

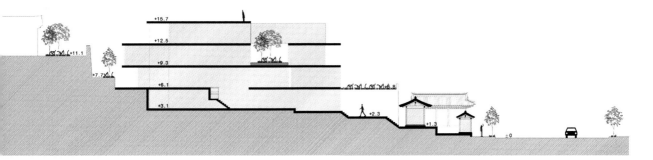

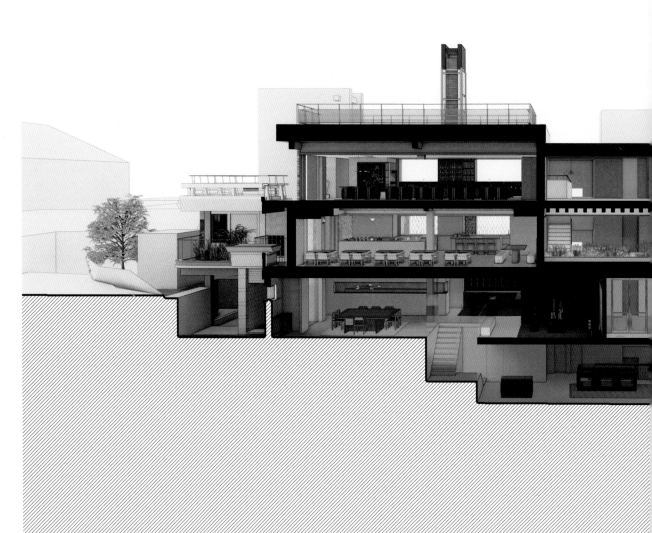

단면투시도는 두 건물, 한옥과 양옥이 땅에
어떻게 앉혀져 있으며, 어떤 관계를 갖고 있는지
잘 보여준다.
특히 도로에서 한옥을 거쳐 옹벽을 철거한 자리에
마련된 중정을 지나 양옥으로 이어지는 실내 동선,
그리고 지하층이지만 밝고 지루하지 않은 실내를
거쳐 1층으로 연결된 계단을 오르면 첫 산책이
마무리된다.
단면도이지만 이 그림에서 주목할 것은 상하층의
관계가 아니라 한옥과 양옥의 바닥이 땅과
만나는 방법이다.

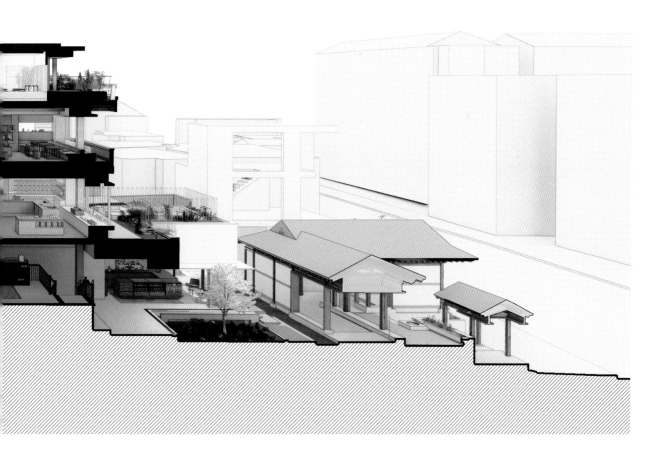

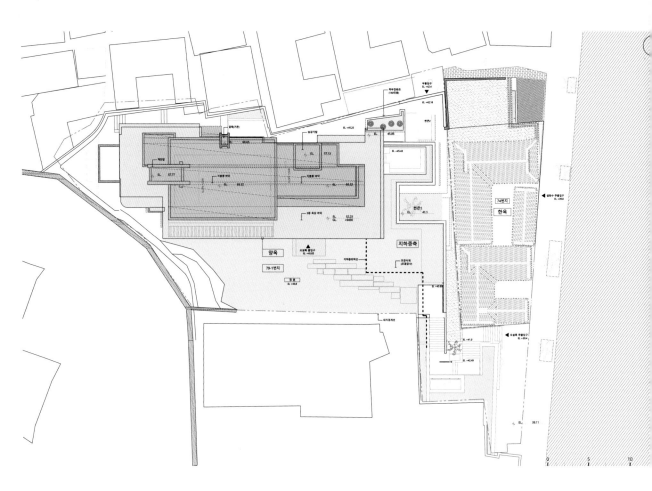

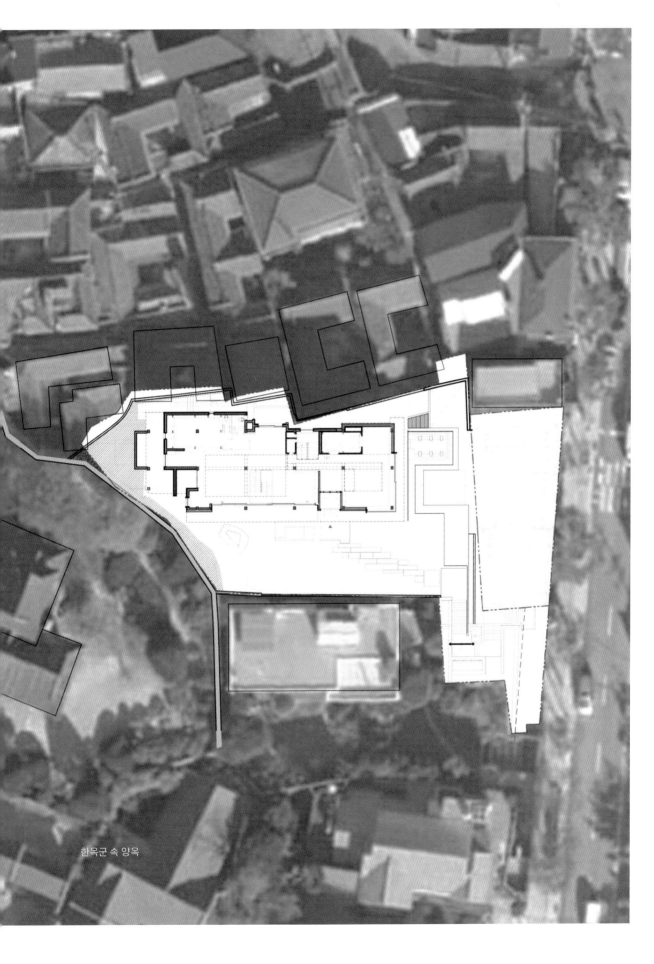

한옥군 속 양옥

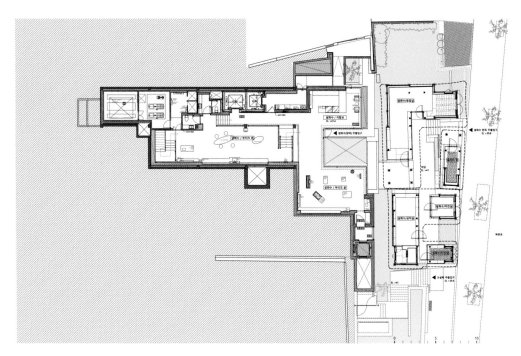

설화수 한옥 1층, 설화수 양옥 지하1층

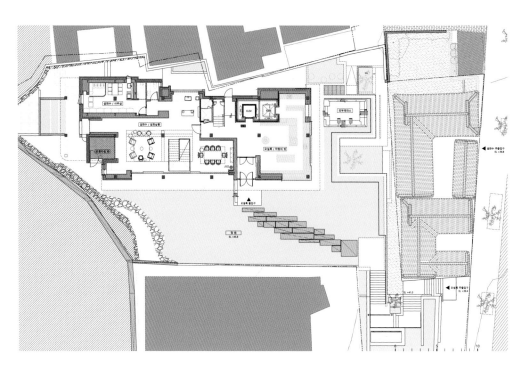

설화수 양옥 1층, 오설록 양옥 1층

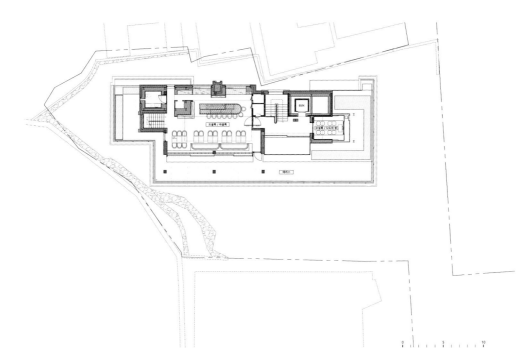

오설록 양옥3층

오설록 양옥2층

설화수의 한옥과 오설록의 양옥은 땅에서 시작해서 풍경을 즐기는 건축이다.
이곳을 찾은 사람들이 미세한 땅의 높이 차이와 마당의 크기, 방의 크기 그리고 자신을
둘러싸고 있는 풍경을 의도적으로 의식하지 않아도 되지만, 일보일보 움직일 때마다
달라지는 시선의 높이와 달라지는 눈앞 풍경을 마주하게 된다.

최욱의 집짓기,
병치의 미학

건축가는
설화수의 한옥과 오설록의 양옥이 있는 땅의 원
레벨을 유지 또는 회복하고 불편했던 이웃 관계를
해소하고 함께 존재하는 해법을 제시했다.

한옥의 진화

대문을 없앤 한옥,
설화수의 한옥

고치기 전 한옥에서 사라진 부분이 있다. 바로
대문이다. 대문 없는 한옥을 상상할 수 없지만,
공사 전 한옥은 자신의 의지와 상관없이 길가에
내앉게 되면서 대로변에 응급으로 만들어진 한옥
대문을 가지게 되었다. 도시를 향해 열린 한옥은
전통건축에서는 존재하지 않는 형식이다.
건축가는 대문간을 없애고 행랑채가 북촌로를
향하게 했다. 대문은 없어졌지만 공간은 남아
설화수의 대문 역할을 하고 있다.

도시를 향해 열리도록 방향을 튼 행랑채는
설화수 북촌의 갤러리 창이 되었다.

원오원 아키텍스 제공

갤러리 창,
도시를 향한 행랑채

지나는 사람들의 시선을 잡아끄는 갤러리 창은
수시로 다른 모습을 보여준다.
한 번만 스쳐지나고 말 곳이 아니다.
무엇인가를 기대하게 만들고 항상 그 기대 이상을
보여준다.

아모레퍼시픽 제공

때마다 다른 모습, 다른 메시지를 전하는 갤러리 창

HAPPY NEW YEAR
FROM SULWHASOO

한옥의 진화

마당에 들어서면 마당을 둘러싼 모든 채를 파악할
수 있듯, 채 안에서도 마당을 포함한 설화수의 모든
공간을 한눈에 담을 수 있다.

한옥이 현대사회에 적응하면서 가장 크게 변한 것은
각 채마다 출입구를 갖게 되었다는 점이다. 현대
한옥에서는 현관 또는 출입구를 통해서만 마당에서
집안으로 들어설 수 있다. 그래서 채와 마당의
관계가 물리적·시각적으로 차단된다.

최욱은 불가피하게 설치된 출입구의 존재로 인해
물리적으로는 단절되었지만 시각적인 연속성을
유지하고자 했다. 벽체를 해체하여 한옥의 목구조가
선명하게 드러나는 설화수의 모습은 한옥 구조체의

1 설화수의 응접실에서 바라본 문 없는 대문

2 설화수의 응접실에 바라본 마당

본질과 함께 공간의 본질을 보여준다.
설화수의 한옥에서는 너무나 자연스럽게 이루어져
우리가 의식하지 못하는 한옥의 진화가 있다.
마당에서 채 안으로 들어섰는데 우리가 신발을
신고 있다는 점이다. 온돌을 사용하고 좌식 생활을
하는 한옥에서는 댓돌에 신발을 벗어놓고 안으로
들어가는데, 다시 밖으로 나올 때는 반드시 자신이
신발을 벗어놓은 곳으로 나와야 한다. 그렇지만
신발을 신고 들어가는 한옥은 전혀 다르다. 신발을
벗고 신는 행위가 없는 설화수에서는 자신이
들어간 곳으로 굳이 다시 나오지 않아도 된다.
응접실에서 안내를 받고 스스로 자유롭게 경로를

선택해서 다니고 또 다른 출입구를 선택할 수 있다.
설화수에서는 마루를 없애고, 온돌바닥도 없앴지만,
입식으로 설계했기에 우리의 시선은 한옥의 마루에
또는 온돌방에 앉아서 밖을 쳐다보거나 마당에 서
있는 사람과 이야기할 때의 높이를 유지할 수 있다.

더 이상 '이리 오너라'는 없다

오랫동안 '이리 오너라'라는 말이나 '에헴'하는
헛기침은 꼰대를 연상시키는 또는 거드름을
피우는 양반을 상징하는 말처럼 사용되곤 했다.
사실 '이리 오너라'라는 표현은 일종의 예법이었다.
채로 독립된 우리 건축은 프라이버시가 보장된
건축이었고, 누군가가 다른 사람의 공간으로
접근할 때, 자신의 접근을 알려 상대방이 무방비
상태에서 방문객을 맞이하는 불상사를 피하게
하기 위한 알림음과 같은 것이다. 근대를 지나면서
시대에 적응할 수 없었던 우리의 예법이 마치
꼰대처럼 또는 구시대 양반의 악습으로
인식되곤 했다.
그런데 설화수의 한옥에서는 더 이상 '이리
오너라'나 '에헴'이 필요하지 않다.
한옥이 달라졌기 때문이다. 두 개의 마당을 갖고
있는 설화수의 한옥에서 첫째 마당은 응접실과
미전실에 면해 있고, 더 작은 둘째 마당은
미전실과 공작실 그리고 단장실로 둘러싸여 있다.

그런데 각각의 채는 모두 투명하게 처리되어 작은
실 안에 누가 들어 있고 누가 용무를 보고 있는지
알 수 있다. 물론 안에 있는 사람도 밖에서 자신이
사용하고 있는 공간을 사용하기 위해 기다리는
사람이 있다는 상황을 알 수 있다. 그래서 밖에서
기다리는 사람은 안에 있는 사람의 시간을
방해하지 않고, 안에 있는 사람은 무리하게 긴
시간을 사용하지 않는 예를 지킬 수 있다.
이 모든 소통은 해체된 벽체를 대신한 우리의
시선을 통해 이루어진다.
'소리'로 지켰던 '예禮'를 설화수의 공간에서는
'시선視線'으로 진화시킨 것이다.

담장을 대신한
소나무 한 그루

단장실과 미전실 사이 작은 마당, 한때 작은
한옥의 마당으로 장독이 있었음직한 자리의
담장을 철거하고 그 자리에 소나무를 심었다.
이 소나무는 지나는 사람의 시선을 잡아끈다.
미전실과 단장실 사이의 작은 한옥 마당이 4차선
도로와 직접 대면하는 것은 상상하기 힘들지만,

작은 소나무 한 그루는 마당과 4차선 도로의
스케일 차이와 시선의 높이에 대한 부담을 가볍게
해소시켰다.

미전실과 단장실 사이의 작은 마당과 소나무

옹벽을 대신한 중정
그리고 매화나무

한옥을 압박하던 옹벽이 있던 자리를 비우고
그 한가운데에 하얀 매화나무 한 그루를 심었다.
매화나무는 그저 한 그루의 꽃나무가 아니다.
설화수의 한옥과 오설록의 양옥이 어떻게 공존할
것인가에 대한 답이다.

매화는 아직 추위가 남은 초봄에 꽃을 피워
봄소식을 전하는 나무로 불의에 굴하지 않는
선비의 표상이기도 하다.
매화나무는 한옥과 양옥의 병치를 완성시킨다.

1 옹벽 철거 후 설치한 중정과 매화나무
2 설화수의 한옥에서 양옥의 지하로 가는
   길목에 있는 중정 풍경

옹벽, 역사로 남다

두 집!
1930년대, 권문세가의 동네가 중산층 동네로
바뀌던 시절에 등장한 도시한옥과 경제개발 시기,
양반 동네의 잔영이 남아있던 시절, 언덕 위에
우뚝선 양옥.
두 집은 자신의 시대를 대표하는 주택으로,
물리적으로 이웃하고 있지만
한 시대를 함께 살았던 집은 아니었다.

옹벽이 그 증거다.

한옥의 주인과 1930년대 집장수는 경사지를
단단으로 정리하고 정지된 땅마다 한 채 한 채
한옥을 지었다. 하지만 양옥의 주인은 경사지에
집을 짓기 위해 석축을 쌓고 경사지 전체를
하나의 땅으로 만들었다. 이로 인해 한옥과 양옥
사이에는 옹벽이 만들어졌다.
옹벽은 양옥의 선택이 만들어낸 결과였다.
그 옹벽이 철거되었지만 일부가 거친 단면으로
남았다. 콘크리트와 붉은 벽돌로 구성된 단면은
그들이 어떻게 지내왔는지 그리고 어떻게 함께할
것인지를 보여준다.
옹벽이 역사의 증인으로 남은 것이다.

이제 두 건물은 함께 하나의 시간을 공유하게
되었다.
건축가는 한옥과 양옥의 본질적 차이를 드러낸 후
두 건물 사이를 갈라놓았던 옹벽을 철거하되 그
흔적을 남기고 두 건물 사이에 작은 마당을 새로
만들어 두 건물을 화해시켰다.
남겨진 옹벽은 그들이 지난 세월 어떻게 이웃해
왔는지를 보여준다. 우리는 옹벽에서 지난 세월,
강요되었던 단절의 시간을 본다.
한옥은 경사지에 순응하며 북촌로를 따라 흐르던
개울로 향한 경사지를 향해 지어졌지만
양옥은 경사진 구릉에 옹벽을 쌓고 대지를 하나의
큰 판으로 만든 후 햇빛을 한껏 받을 수 있도록
남쪽으로 펼쳐진 집을 지었다.
그리고 서울 도심을 자신의 눈에 담고 그것을
만끽하며 살아왔다. 이제 양옥은 자신만의 삶을
버리고 한옥을 이웃으로 삼아, 한옥과 함께
북촌에서 살아가는 방법을 실천하고 있다.

남겨진 옹벽과 중정은 가회동 두 집이 함께
살아가기 위한 해법이다.

옹벽,

해체 후

역사가 되다.

역사로 남은 옹벽 안에서 자라는
단풍나무와 함께하는 일상

중정,
양옥과 한옥의 공존

중정은 한옥과 양옥을 물리적으로 화해시키는
장치이면서 내부적으로는 설화수 매장에 빛을
들이고 공간을 나누어 지하층의 설화수 공간을
재구축하는 수단이다.
중정은 1층의 설화살롱으로 동선을 이끌어
설화수의 한옥이 양옥으로 자연스레 섞일 수
있게 해준다.

중정,
설화수에 빛을 들이다

한옥과 양옥을 하나로 만든 중정은
지함보와 부티크 윤의 공간에 빛을 들였다.
중정은 건축법상으로는 지하층으로 분류되는
양옥의 마당이지만 한옥의 뒷마당이자
설화수의 마당이다.
부티크 원에서 바라본 중정을 거쳐 펼쳐지는
중첩된 한옥의 풍경은 내가 서 있는 곳이
양옥이라는 사실을 잊게 해준다.

설화수의 양옥에 들어서면 만나는
부티크 윤

미전실과 단장실,
자신만을 위한 공간!
완벽하게 공개된 공간이지만
누구의 간섭도 없는 나만의
공간이다.

1 미전실과 공작실

2 단장실과 마당

3, 4 공작실

공작실

공작실 창살 너머 흰 벽에 핀 물철쭉이
한 폭의 수채화 같다.

사라진 벽체,
한옥 부재에 남은 흔적,
그 위에 더해진 건축가의 솜씨가 과하지 않다.
사라진 것은 벽체만이 아니다.
마루도, 온돌도 사라졌다.
그럼에도 이 집은 한옥일까?
건축가는 어떤 한옥을 생각했을까?
그 한옥이 '설화수'이다.

설화살롱

설화수를 찾은 이들이 쇼핑을 마치고 차를 마시며
여유를 즐기는 곳이다.

'살롱(salon)'은 응접실을 뜻하는 프랑스 말로
사람들이 대화를 나누며 친교하는 자리다.

그러나 설화살롱은 모르는 사람과 친교를 맺고
나누는 곳이 아니라 양옥과 친교를 나누는
공간이다.

계단을 올라와서 뒤돌아 서면 보이는
설화정원에서는 계절마다 다른 풍경이 펼쳐지는데,
설화정원의 배경에는 향나무가 있다. 오랜 시간 터를
잡고 있는 집에서 키우던 향나무를 옮겨 심어 앞
집과의 시각적 완충으로 삼고, 석탑과 석등을 챙겨서
만든 것이 설화정원이다.

걸음을 옮겨 연분홍빛 타일로 가득한 유리
진열장으로 시선을 돌리면, 이 집이 주거공간으로
사용되던 시간으로 여행도 가능하다.

얼핏 보기에도 주택으로 사용하던 시절, 욕실이었던
곳임을 알 수 있다.

유리 진열장 속 목욕탕은 옛 집의 기억을 담고 있다.

갤러리가 된 목욕탕

원오원 아키텍스 제공

살롱 한쪽에는 기존 목욕탕이었던 석장승 전시공간이 있다.
그대로 남겨둔 벽면 타일과 둥근 거울이 이곳이 목욕탕이었음을 암시한다.

설화정원, 꽃 피기 전

설화정원, 눈 내린

양옥,
1960년대 부잣집

가회동은 경복궁과 창덕궁 사이에 자리한 북촌에서도 조선시대 이후 권문세가의 집이 몰려있는 부촌의 상징과 같은 곳이었다. 1920~30년대에 큰 필지가 잘게 나눠지며 중산층을 위한 도시한옥이 지어졌지만, 여전히 서울에서 가장 선호되는 부잣집 동네였다. 이 동네를 오랫동안 지켜왔던 한옥이 해방 이후에는 더 이상 새로 지어지지 않았다. 대신 돌집이 곳곳에 하나둘 지어지기 시작했다. 조선시대 내내 사람이 거주하는 주택에는 댓돌 외에는 사용하지 않던 화강석을 주택에 적극 사용하게 된 것은 북촌 머리맡에 자리한 중앙고등학교 본관을 설계한 건축가 박동진의 역할이 크다.

박동진은 서양건축 교육을 받은 우리의 1세대 건축가로 독학으로 고딕건축을 공부해서 고려대학교의 돌집과 중앙고등학교 본관과 강당을 돌로 지었다. 그리고 해방 전 명륜동에 자신의 집과 지인의 집을 돌로 지은 건축가다. 이후 돌집은 1960~70년대 부잣집의 모델이 되었다. 오설록이 된 양옥 역시 그 시절에 지어진 집이다. 오설록의 양옥도 외벽에는 화강석이 붙어 있지만 이 집은 이전의 돌집과는 다른 점이 있다. 전체적으로 돌집이었는데 2층과 3층 난간이 노출콘크리트로 마감되었고, 2층과 3층 테라스에는 콘크리트 퍼걸러를 설치해 햇살과 그늘을 동시에 취할 수 있도록 했다.

대문

1층 현관홀

3층 테라스

돌은 역사적으로 서양에서는 중요한 건축에 사용되었지만, 산업혁명 이후에는 선호되는 재료가 아니었다. 더구나 모더니즘의 영향을 받은 건축가들은 돌을 전근대적 재료로 치부하고, 돌 대신 노출콘크리트를 사용해 최신 유행을 드러내곤 했다. 김수근의 워커힐 힐탑바(현 피자힐)나 김중업의 서산부인과의원, 프랑스대사관이 노출콘크리트를 사용한 대표 사례이다. 그런데 이 집에는 전근대를 상징하는 돌과 현대건축의 상징인 노출콘크리트가 동시에 사용되었다. 왜?

아직 이 집을 설계한 건축가를 찾지 못했지만, 형태를 만들고 내외부 공간을 만든 솜씨나 세부 장식을 보면 꽤 솜씨 있는 건축가의 작업으로 보인다. 그런데 당시 건축주는 굴지의 기업을 경영하던 사업주였지만, 현대적인 미감보다는 동시대 사람들이 공유하던 미감을 소유했고, 그러한 요구가 있었던 것으로 보인다. 건축가는 건축주의 요구를 반영하면서도 자신의 건축적 의지를 담았다. 이렇게 만들어진 집을 건축가 최욱은 다시 읽어냈고, 새롭게 소화해 냈다.

건축가는 이 집이 처음 만들어졌던 시대의 건축주와 건축가의 의지를 안고 새집을 만들었다.

그래서 오설록의 양옥은 북촌의 오늘을 즐기는 새로운 해법을 제시하면서도 1960년대의 시대와 삶을 간직한 집이 되었다.

옛 양옥의 철문과 철문 옆 경비실 창은 여느 부잣집에서도 쉽게 찾아볼 수 없는 시설이었다. 마당에는 향나무가 있고, 외벽에는 화강석이 붙어 있다. 현관 옆 온실에는 건축가 김정수가 미국 연수후 개발한 연석이 사용되었으며, 현관 내부는 대리석으로 마감했다. 거실 내부는 온통 목재로 마감되었는데, 지금은 사용하지 않는 합판이 많은 부분에 사용되었고, 바닥 역시 나무패널로 마감되었다. 거실에는 에어컨이 설치되었고, 3층에는 홈바도 있었다. 홈바가 있는 3층 거실에서는 남산을 조망할 수 있었고, 북측으로는 백악도 바라볼 수 있었다. 이 조망은 지금의 오설록에서도 가능하다.

옥상과 굴뚝
원오원 아키텍스 제공

오설록의 양옥,
걸음을 멈추게 한다

좁은 인도를 걷다가 갑자기 앞이 환해진다는
생각이 드는 순간, 넓은 공간과 함께 이전과는
다른 풍경이 펼쳐진다.
걸음이 멈칫하는 순간, 한옥이 눈에 들어온다.
왼쪽으로 고개를 돌리면 자연스럽게 걸음을
옮기게 하는 잘 정돈된 계단이 있다. 계단참에서
단풍나무 한 그루가 여러분을 맞이한다.

하얀 벽을 배경으로 자리 잡은 단풍나무도
멋지지만 가까이서 걸음을 멈추면 해와 나무가
만들어낸 또 한 그루의 나무를 만날 수 있다.
그러나 항상 그 곳에 있는 나무는 아니다.

©김인철

양옥,
한옥을 이웃으로 삼다

시작은 계단이다. 한옥을 등지고 계단을 단숨에
올라 양옥으로 오르던 기존의 방법 대신, 한옥을
옆에 두고 한옥과 높이를 맞추며 오르게 했다.
눈높이에서 방향을 한 번, 두 번 바꾸면서 담장에
가려져 있던 북촌의 풍경을 눈에 담으며 오설록의
양옥으로 오르면 설화수의 한옥을 즐기며 오설록에
이르는 것과는 전혀 다른 즐거움을 가질 수 있다.

오설록 양옥 계단의
설계 전과 설계 후
모습

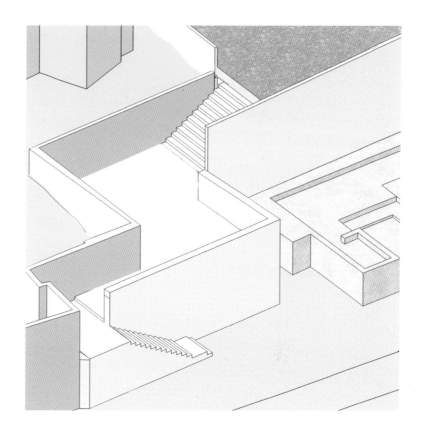

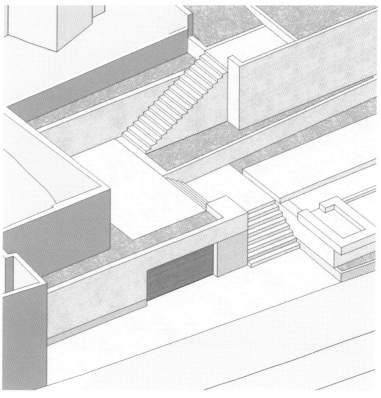

한달음에 걸어올랐을 예전의 양옥을 오르는 계단 또는 오를 계단을

쳐다보며 한숨을 쉬던 계단이 더 이상 아니다.

적절하게 나뉜 계단참에는 일보일보 내디딜 때마다 북촌과

함께하는 소소한 풍경이 나무와 꽃과 함께 펼쳐진다.

조경가 정영선은 벽체의 농담을 생각하면서 꽃과 나무를 심었을까?

진한 회색의 콘크리트 벽, 다소 자유롭게 뻗어나간 분홍빛

이스라지를 배경으로 강단 있게 가지를 뻗은 단풍나무는

수묵화를 연상케하는 일경(一景)이다.

이웃과 담을 쌓았던 돌 계단

북촌으로 열린 대문,
열린 계단

이전에는 대문을 들어서는 순간 북촌과 등지고,
자신의 성채 안으로 들어갔다.
새집에서는 이웃의 삶과 풍경을 눈에 담고,
끊임없이 안과 밖을 넘나들며 북촌을 즐긴다.

북촌을 담은 계단

그들만의 마당,
모두의 마당이 되다

마당에 올라서면, 북촌로에서는 생각할 수 없었던 넓은 땅에 있는 큰 집이 눈에 들어온다. 이렇게 넓고 평평한 땅을 만들어 길이 30미터가 넘는 큰 집을 짓기 위해 높이 6m에 달하는 옹벽이 필요했나 보다. 양옥은 얼핏 보기에는 이전 집의 모습을 고스란히 유지하고 있는 듯 보인다. 매우 큰 집이지만 비스듬한 사선으로 접한 탓에 다행히 위압감이 그다지 크지 않았다.

그런데 이 집이 생각보다 덜 위협적인 데는 또 다른 이유가 있었다.

1960~70년대 부잣집이 그렇듯 이 집도 돌로 마감했다. 집주인은 남산과 백악을 향한 조망을 확보하고 따뜻한 남향 햇살을 충분히 받기 원했지만, 이웃으로부터 자신들의 생활 공간이 엿보이는 것을 원치 않았다. 그래서 남쪽으로 넓은 창을 두고 동쪽은 막았다.

©김인철

주거공간으로 이용하던 시절에는 중요한 요소였지만
더 이상 주택으로 사용되지 않는 이 집에서 지켜야
할 부분이 아니었다. 그래서 건축가는 돌로 마감된
단단한 외벽을 제거하고 전면 유리창호를 설치했고,
소박하게(?) 타일로 나머지 부분을 마감했다.
철저하게 자기만의 공간을 구축했지만 오설록의
공간이 된 지금의 진입마당은 북촌을 찾는 모든 이의
정원이 되었다.

1 봄 정원. 유난히 큰 키를 자랑하는
  산딸나무가 다소 커 보이는 콘크리트조
  양옥의 부담감을 줄여 준다. 시간을
  달리하며 피고지는 꽃나무가
  설화정원의 다양한 풍경을 만들어준다.

2 오설록의 양옥 3층에서 내려다본
  한옥과 중정 그리고 양옥의 진입 마당

설화정원,
겨울을 벗어난 정원

설화정원과 계절

양옥이 좁고 남쪽을 향해 길게 지어진 까닭에 정원 역시
앞집의 뒷면을 가리는 향나무를 줄지어 배치하고, 적절한
곳에 탑과 석등이 배치된 좁고 긴 정원을 만들었다.
석물로 1개의 석탑과 2개의 석등이 있다.
석탑은 우리의 전통 탑이지만, 석등은 일본식 등이다.
석탑과 석등 모두 출처를 알 수 없지만, 이 집을 지은
건축주가 이 땅을 매입하기 전부터 있었던 것으로 보인다.

DL이앤씨 제공

오설록의 양옥, 현관

30여 미터에 달하는 노출콘크리트 슬래브 두 개
층이 연출하는 양옥은 깨끗하게 단장했을 뿐
아무런 건축적 장치를 만들지 않은 듯한 모습이다.
마치 원래 모습이었을 것 같은 코너의 창호는
화강석 벽체를 제거한 후 설치되었으며, 현관
오른쪽의 벽돌벽체는 화강석 벽체를 제거한 후
주택의 뒷 벽체에서 가져온 벽돌로 새로 쌓은
것이다. 재료만으로 보면 고급주택의 대명사인
화강석을 없애고 벽돌과 창을 설치했으니
다운그레이드한 설계임에 틀림없지만, 설명을
듣기 전까지 아무도 이러한 사정을 눈치챌 수
없다. 마치 처음부터 지금의 모습이었을 것 같은
모습으로 손님을 맞이한다.
자신을 드러내고자하는 욕망을 전혀 읽을 수 없는
모습이다.

1 리노베이션 전의 모습을 재현한
   컴퓨터 그래픽

2 현관, 오설록의 양옥

오설록의 양옥 1층 홀

설화살롱과 나눠 쓰는 까닭에 다소 좁게 자리
잡은 오설록의 1층에는 콘크리트 슬래브를
뚫어 2층과 호흡할 수 있는 실내 중정을 두었다.
1층에서 차를 볶으면 2층까지 차향이 은은하게
퍼져나간다.

오설록 차향의 방에서 바라본 북촌 풍경

128

오설록의 양옥, 계단

테라스 정원,
안과 밖을 소통시키다

북촌에서도 보기드물게 큰 집이었지만,

굴지의 제분회사의 대표가 사용하기에는 좁았던지

테라스를 확장해서 거실로 사용했다.

건축가는

확장된 거실을 원래의 테라스로 돌려놓았을 뿐 아니라

거실공간을 정원으로 할애하여 안과 밖, 1층과 2층 그리고

3층과 소통하는 공간을 만들었다. 2층 테라스공간에 의해

30여 미터에 달하는 장방형의 긴 평면이 역할에 맞는

독립적 영역으로 분할되었다.

원오원 아키텍스 제공

테라스 정원,
층과 층을 소통시키다

남산,
모든 이의 풍경이 되다

기존 양옥을 설계했던 건축가는 남쪽을 향해 긴 매스를 만들어 풍부한 햇빛과 남산 조망을 건축주에게 선물했다. 그러나 오설록의 집이 된 양옥은 더 이상 풍부한 햇볕이 필요하지도, 남산 조망을 독점할 필요도 없게 되었다. 건축가는 움직이면서 향유하는 곳곳의 풍경을 다이내믹하게 담아낼 수 있는 집을 만들었다. 2층에서 3층을 오르는 것은 1층에서 2층을 오르는 것과는 사뭇 다르다. 오설록의 양옥이 왜 이곳에 남쪽을 향해 길이 방향으로 자리 잡았는지를 실감하게 해주기 때문이다. 건축가 최욱은 이러한 장방향 매스에서 위로 오른다는 것의 의미를 알았다. 남쪽의 거실 창을 당겨서 2층 테라스에 정원을 만들고, 2층 테라스 위를 개방했다. 2층에서 3층으로 올라가면서 사람들은 2층 테라스의 풍경이 남산타워가 보이는 도심 풍경으로 전환되는 경험을 하게 된다.

오설록의 3층은 아래층과는 달랐다.

창밖 남산 전경이 눈에 들어온다.

2층에 마련된 테라스 정원이 3층으로 확장되고

확장된 공간 너머 3층 테라스를 거쳐 펼쳐지는 남산 전경은

오설록에서의 경관을 깊이있게 만들어준다.

계단실,
빛을 품다

차실,
빛과 풍경을 품다

차실 밖 작은 화단, 무늬사초, 눈향나무,
사철패랭이, 섬백리향이 어우러진 화단은
계절별로 시간을 달리하며 각각의 꽃이 자기만의
시간을 갖고 존재를 드러낸다.

바 설록이 품은
자개장

북촌 4경,
오설록에서 눈에 담을 수 있는 풍경

오설록에서는
동서남북 모든 방향에서 풍경을 즐길 수 있다.
동쪽에는
원서동 능선 위 다가구·다세대주택이,
서쪽에는
백인제가옥과 정독도서관이,
남쪽에는
남산을 빼곡하게 둘러싸고 있는 높은 빌딩들이 있다.

북쪽에는
한눈에 봐도 산을 배경으로 자리 잡은 북촌의
풍경을 볼 수 있다.
하지만 아쉽게도 북촌의 백악 풍경은 화장실을
나오면 복도 끝 세로로 길게 나 있는 창이나
서비스카운터 배경의 창호를 통해 들여다볼
수밖에 없다. 사진에서 펼쳐지는 옥상의 백악
풍경은 현실에서는 만끽할 수 없다.

화동 정독도서관 식당
(옛 경기고등학교 강당)

북촌의 머리맡을
무겁게 하는 빌라들

백악

점점 작아지는
북촌의 존재감

가회동 이준구 가옥
(서울시 기념물)

가회동 성당

감사원

남북적십자사무국

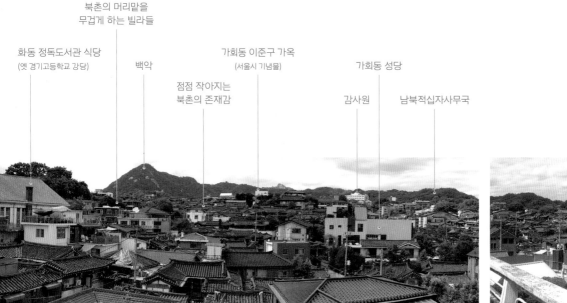

─ 서 ─   ─ 북 ─

백악에서 남산까지 펼쳐진 한양도성의 파노라마

원서동 능선 위에 늘어선
다세대·다가구주택

능선 너머에 창덕궁이 있다.

흐릿해지는
남산 타워의 존재감

대동상업고등학교

휘문고등학교가 떠난 자리에
지어진 현대건설사옥

남산 성곽 위에 지어진
옛 타워호텔
(현 반얀트리호텔)

종로1가의
SK서린빌딩

남산을
위협하는
을지로재개발
사업

동

남

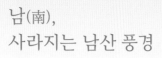

남(南),
사라지는 남산 풍경

양옥이 남향으로 길게 지어졌던 시절,
3층 테라스에서 햇빛을 만끽하며 바라보던 남산은
이제 빌딩 숲 도심풍경의 배경이 되었다. 그림 속의
풍경이 되었다.

우리는 보릿고개를 넘기위해 앞만 보고 직진했다.
보릿고개를 넘어서고 나니 남산이 우리의 시야에서
사라졌다. 남산 위에 뾰족하게 솟아있는 YTN타워를
통해 남산의 위치를 짐작만 할 뿐.
오설록의 양옥에서는 남산의 존재를 확인할 수 있다.

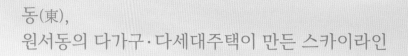

동(東),
원서동의 다가구·다세대주택이 만든 스카이라인

동편에 펼쳐진 하늘과 맞닿은
다세대·다가구주택의 풍경은 다소 느닷없다.
서울시내는 물론이고 북촌의 골목을 걷다보면
숱하게 만나는 다세대주택이지만
능선 위에 늘어서 있는 다세대주택의
스카이라인은 설명이 필요할 듯하다.
다세대주택이 늘어선 능선은 계동과 원서동
사이에 위치한 능선이다. 언덕 위에 집을 짓는
전통이 없던 조선시대에는 당연히 언덕 위에 집이
지어지지 않았다.

과밀도시 서울에서 다닥다닥 붙어 있던 작은 집으로
가득 채워진 창덕궁이 내려다 보이는 언덕 위 동네,
주차도 불가능할 것 같은 동네에 다세대주택이
지어진 것은 주택 200만호를 대통령 공약으로
내세운 후보가 대통령에 당선되면서 다세대주택
건축을 위한 조건이 크게 완화되었기 때문이다.
200만호 공약 달성을 위한 과감한 건축규제 완화가
세계유산인 창덕궁 옆 능선의 스카이라인을
다세대주택으로 채우게 만든 것이다.

서(西),
굴뚝이 있는 풍경

어느 정도 연배가 있어 보이는 어른들에게
굴뚝하면 어떤 굴뚝이 생각나느냐 물으면
예외 없이 자신이 살던 동네의 목욕탕 굴뚝을
이야기한다.
간혹 공장의 굴뚝을 이야기하시는 분도 있는데
산업화시대를 이끈 분들이다. 그리고 연탄 온돌을
사용하던 동네의 수많은 주택에도 굴뚝이 있었다.
하지만 그 굴뚝은 우리의 눈에 들어오는 굴뚝이
아니었다.
북아현을 비롯해서 몇몇 부자 동네에서는
슬래브 주택을 뚫고 올라오는 굴뚝을 볼 수
있었다. 그런 굴뚝을 가진 주택은 예외 없이
기름보일러가 있는 집이다.
1960년대와 70년대까지만 해도 영화 속에서
전화를 받는 여자 주인공이 '네 가회동입니다'라고
말할 정도로 가회동은 부촌의 대표주자였는데,
그 부촌에서도 기름보일러를 사용하는 굴뚝은
매우 드물었다.

그런 굴뚝을 우리 주변에서 찾을 수 있을까?
굳이 찾으려고 한다면 찾을 수 있다.
아파트 단지에서…
그러나 아파트 단지에서 굴뚝을 찾는 것도
만만치는 않다. 굴뚝이 있는 아파트는 단지
자체의 보일러실에서 온수난방을 하던 시절의
오래된 구축 아파트이기 때문이다.
지역난방을 하는 신축 아파트에는 굴뚝이 없다.
그렇다면 그 많던 굴뚝은 사라졌나?
사라졌다.
그래서 야트막한 지붕 위로 우뚝 솟아있는
목욕탕 굴뚝이 그리울 때가 있다.
이제 목욕탕 굴뚝은 '레트로'의 상징이 되었다.
그 많던 굴뚝이 지역난방 발전소의 거대한 굴뚝
하나로 정리되어 버린 것이다.
건축가는 의도적으로 이 굴뚝을 남겼을 것이다.
부러진 팔에 깁스하듯이 보강까지 하면서 말이다.

북(北),
꽃병의 배경이 된 북촌의 백악 풍경

복도 끝에서 이 집이 할 수 있는 최대 크기로 창을
만들었지만 북쪽의 풍경을 담기에는 부족하다.
창앞에 놓인 멋드러진 꽃병과 꽃은 좁아진 북촌
풍경을 자신의 배경으로 만들었다.

책에서만 볼 수 있는 곳

특별해서 책에서만 볼 수 있는 곳은 아니다. 관리
문제, 안전 문제로 출입이 통제된 곳일 뿐이다.
통제하지 않는다고 해도 굳이 가게 되는 공간은
아니다. 꼭 이 집만 아니더라도 대부분의 경우
뒷마당, 외진 구석까지 찾아가 보는 이는 많지 않다.
통제한다고 해서 항의받을 만한 공간도 아니고,
독특한 취향을 가진 몇몇을 제외한다면 아무도
찾지 않을 것 같은 공간임에도 건축가는 여느
다른 부분과 똑같이 많은 공을 들였고, 건축주는
건축가의 마음을 기꺼이 받아들여 잘 관리하고 있다.
책을 준비하면서 다시 한번 찾아가서 카메라
셔터를 누른 것은 건축가가 어떤 마음으로 이
집을 설계했는지 이해하기 위해 이곳을 보아야
한다고 생각했기 때문이다. 언젠가 제한적일지라도
공개될지도 모르지만 책에서라도 먼저 보여주고
싶은 부분이다.

설화살롱의 복도 끝 낮게 열린 창문 너머 그림같은 작은
화단이 눈에 들어온다.

건축가는 벽체를 열고 이웃집 옹벽 아래 경사지를 단단으로
만들어 화단을 조성하고 조경가는 들풀과 돌을 채웠다.

한옥의 화계를 연상시키는 이끼석과 마삭줄 그리고 황매화로 꾸민

뒷마당 구석의 정원은 찾아보는 이들에게 소소한 즐거움을 준다.

뒷마당으로 가는 작은 뒷길도 건축가와
조경가는 소홀히 하지 않았다.
화단과 창문 그리고 냉난방용 실외기를
자연스럽게 조경과 외부공간의 일부로
처리했기에 책에서만 이곳을 보기에는
너무 아깝다.

1 뒷마당 화계

2 뒷마당으로 연결되는 계단 아래 샛문

하이퍼아트 토마손,
담장에 남은 삶의 흔적

하이퍼아트 토마손(Hyperart Thomasson)은 일본의
아카세카와 겐페이(赤瀬川原平)가 시작한 현대미술
장르이다. 도시가 개발되는 과정에서 의도하지
않았던 일부가 남아있게 된 상황으로 '겉만
그럴듯한 진짜-가짜'를 뜻한다.
가회동 79-1번지의 양옥 구석구석에서 토마손
사례를 찾을 수 있다.
겐페이의 토마손은 2차 세계대전 후 패전의
멍에를 벗고 고속성장한 일본에서 미처 챙기지
못해 도시의 한구석에 남아 있던 흔적이었지만,
가회동의 양옥에서는 다른 이유로 다른 모습으로
남았다. 역사도시의 오래된 주거지에 지어진
한옥을 밀어내고 전혀 다른 맥락의 양옥이 한옥과
다른 방법으로 들어서면서 이웃집과 옆 골목의
경계에 주춧돌 하나가 남았고 이웃 한옥과
연결되었던 알루미늄 샛문이 남았다.

양옥에 살았던 이의 편의를 위해 사용하던
작은 알루미늄 쪽문과 어느 한옥의
주춧돌이었을지도 모를 돌이 옛 담장과
함께 남아있다.

고치기 전 집의 지하실 문

피뢰침

피뢰침은 번개를 막아주는 장치이지만 주택에
설치된 피뢰침 실체를 본 사람은 거의 없다.
피뢰침의 존재조차 모르는 사람도 꽤 있을 것이다.
건물에서 가장 높은 곳에 설치된 피뢰침은 번개를
맞으면 전기를 땅속으로 내려보내는데
이때 필요한 것이 접지선이다.
양옥의 뒷마당 벽체에는 당시 접지선이 남아 있다.

북촌 언덕 위 주변의 한옥보다 높게 3층으로
지어진 집이 가장 두려워한 것은 사람들의 시선이
아니라 하늘이었다.
천둥벼락.
천둥벼락은 하늘이 내리는 벌이라고 생각하던
시절이 있었다.

벽체에 남아있는 피뢰침 접지선. 번개로
발생한 전기를 땅속으로 내려보내는
역할을 한다.

골목에서 마주치는
설화수·오설록

북촌길을 오르내리며 마주하는 설화수·오설록과
맞은편 골목을 나오면서 만나는 설화수·오설록은
전혀 다른 느낌으로 다가온다.
북촌은 수많은 골목이 있는 동네다. 모세혈관처럼
뻗어있는 골목길을 걷다 보면, 분명 내가 익히 알고
있는 건물이지만 전혀 다른 풍경으로 다가오는
경우가 종종 있다.

설화수와 오설록 역시 마찬가지다.
맞은편 골목에서 바라보는 풍경이 그렇다.
북촌은 골짜기를 따라 물이 흐르던 곳이기에
물길을 덮어 길이 된 계동길과 북촌길 사이에는
야트막한 언덕이 존재했다. 그래서 계동길과
북촌로는 140여 미터 떨어진 길이지만 오랫동안
직선으로 연결된 길이 없었고, 두 길 사이의
언덕에는 집도 없었다.

1930년대 이후 북촌의 큰 필지가 잘게 나뉘어 개발되던 시기에 계동길과 북촌로 사이 언덕에 길이 연결되었고 작은 고개를 넘는 곳에 큰 집이 지어지기도 했다. 계동에서 북촌로8길을 오르다가 언덕 정점을 지날 즈음에 큰 집을 만나게 되는데 그 집 가운데 하나가 일제강점기 백화점 왕이었던 화신백화점의 박흥식이 살았고, 한때 한보그룹의 정태수 회장 그리고 현대그룹의 정주영 회장이 살았던 집(가회동 177-1번지)이다.

그 집 앞을 정점으로 내려오다 보면 골목길 맞은편에 나타나는 집이 설화수·오설록이다. 야트막하지만 언덕을 가로지르는 골목인 까닭에 언덕 위 골목의 폭만큼이지만 설화수와 오설록을 한눈에 담을 수 있다. 물론 겨울철에만 그렇다. 나뭇잎이 풍성해지는 계절에 양옥은 시야에서 사라진다.

설화수·오설록 옆 골목 풍경

골목은 온전히 옛 모습 그대로다.
꽤 큰 땅을 차지하던 집을 고쳐 지었지만
옛 골목길의 모습은 고스란히 남아있다. 골목
입구에 있던 2층집을 철거한 뒤, 터를 비워두어
골목이 숨쉴 수 있는 여유공간을 만들었다.
건축주 서경배 회장의 결심이 있었다.
한옥과 마주한 양옥의 옛 담의 녹슨 주차장
셔터는 진회색 철문으로 바뀌었지만 옆 철문과
시맨트 모르타르가 마르기 전에 못을 줄지어 박은

도구로 만들었던 줄무늬가 있는 벽체는 그대로
남아 어떤 이에게는 '추억'을, 어떤 이에게는
'어, 이게 뭐지?'라는 의문을 준다. 골목에서 가장
높았던 담장도 그대로다. 새 철문도 있지만, 작은
문, 녹슨 철문도 그대로 두었다. 덕분에 큰 건물 옆
골목답지 않게 옛 풍경이 온전히 유지되고 있다.
그런데 맞은편 집 주인들은 이러한 모습을
좋아할까?

오감으로 즐기는 집

설화수의 한옥과 오설록의 양옥은 '집'만 즐기는
'집'은 아니다.
집이 위치한 곳, 집터가 담고 있는 역사, 그리고 집이
품고 있는 설화수와 오설록이 어우러져 있는 곳이기
때문이다.
더 중요한 것은 사람들이 자신이 갖고 있는 오감을
동원한다면 더 큰 즐거움을 누릴 수 있다는 것이다.
일보일보 걸을 때 펼쳐지는 풍경마다 멈춰서는
여유도 필요하지만 걸을 때 발바닥을 통해 전해지는
자신이 서 있는 장소의 촉감, 고개 숙이면 눈에
들어오는 흙과 자갈 사이의 이름 모를 풀,
여러 가지 패턴의 화강석과 자갈 또는 풀이 어우러진
바닥, 때로는 집에 남겨진 오래된 타일과 돌, 그리고
거칠게 마감된 벽체와 섬세한 질감의 마감재에 손을
얹으며 즐길 수 있는 집이다.

재료, 오감을 깨운다

자연산 재료와 공장생산 재료의 적절한 활용,
섬세한 다듬기와 마감 솜씨, 물성이 다른 재료의
조합이 건축을 더욱 풍요롭게 한다. 시야를 아주
좁혀 특정부분에 주목해 보자. "월리를 찾아라"가
별건가? 우리 모두 '디테일러'가 될 수 있다.

바닥과 높이 그리고 속도

바닥의 섬세한 높이 차이와 변화 그리고 재료의
섬세한 사용은 최욱의 건축이 갖는 매력이다.
대규모 프로젝트에서는 큰 땅을 다루기에
땅을 많이 건드리고,
육중한 덩어리가 곳곳에서 크기를 달리한 채
거칠게 사람들의 시선을 끌어당기지만 최욱은
작은 땅도 매우 섬세하고 귀하게 다룬다.
우리가 설화수와 오설록에서 건축가와 교감할 수
있는 방법이 있다.

설화수에서는 천천히 움직여야 한다.
그러면
속도가 앗아간 오감이 움직인다.
스쳐지나치던 곳에 눈길이 머물고
중력만 작용하던 바닥이
발바닥을 통해 몸에 전해지며
손길을 뻗고 싶은 곳이 생긴다.

175

빛을 품는 재료, 흙

빛은 항상 현재형이다. 빛을 담는 그릇 역시
지속된다. 이들은 상호 피동적으로 대응한다.
여기에 능동적으로 대응하는 수단으로 조명을
더해 지속성을 연장시킨다.
벽에 바른 흙이나 한지, 경계를 이루는 곳의
마감재인 유리 등의 재료 역시 빛과 어우러져
건축을 풍요롭게 해준다.

ⓒ김인철

빛을 품는 재료, 모르타르

자개장의 추억

오랫동안 돈 있는 사람들의 혼수품 1호는
자개장이었다. 혼수품으로 자개장을 준비하지
못했던 우리 시대의 어머니들이 자기 집을 마련한 후,
가장 마련하고 싶은 가구는 단연코 자개장이었다.
적어도 우리 부모님, 이 책을 보는 많은 분의
할머니 할아버지 세대에는 그렇게 소중했던
자개장이 애물단지가 된 시대가 되었다.

자개장, 잔과 함께 남았다.

리노베이션 전과 후,
한옥과 양옥은 어떻게 변했을까?

자신이 나무로 지어진 줄 모를 정도로
여러 차례 증축되고 페인트칠로 변형된 한옥은
자신의 모습을 다시 찾았다.
뿐만 아니라 오가는 사람의 시선을 잡아당기고
발걸음을 멈추게 하며 열린 출입구로 발길을
돌리게 한다.
양옥의 저층은 옹벽 위 담장으로 가려 있었고,
담장 위로 솟은 양옥의 3층 동쪽 창에는
주택임에도 메탈로 된 수직 블라인드가
설치되어 있었다.
외부의 시선으로부터, 뜨거운 아침햇살로부터
자신을 보호하려던 원초적인 방어책이었겠지만
자신을 북촌으로부터 고립시켰다.

건축가 최욱은 한옥과 양옥의 창을 열어
북촌을 받아들이도록 했다.

원오원 아키텍스 제공

한옥, 해체와 조립

한옥 해체

조립식 구조인 한옥은 시공의 역순으로 해체가
가능했고, 나무가 귀하던 민간에서는 해체된
부재를 최대한 재사용해왔다.
설화수의 한옥 역시 썩거나 부러지지 않은
목재와 온전한 기와는 최대한 재사용하기
위해 조심스럽게 해체되었다. 설화수 한옥의
곳곳에서는 부재로 재사용한 흔적이 확인된다.
다만 해체 부재 가운데 전통건축에서 여름에는
시원하게, 겨울에는 따뜻하게 해주던 적심과
과도한 흙은 재시공 과정에서 단열재와
덧서까래로 대체했다.

1 서까래와 지붕 속 보토
2 갤러리 창의 기둥 상부
3 지붕, 기와 해체 공사
4 지붕 서까래 해체 공사
  DL이앤씨 제공

한옥 시공

한옥 목구조 시공 모습

지붕, 덧서까래 설치와 단열시공

지붕 기와얹기 완료후 모습

양옥,
옛 모습과 삶의 흔적이 살아 있다

길이 30미터가 넘는 양옥은
향과 조망 때문에 집이 길어졌지만
북촌로에는 측면만 최소로 노출되어
양옥의 존재는 최소화하면서

양옥에 사는 사람들에게는 최대한의 햇빛과
한양도성의 조망을 주었다.
오설록의 양옥이 된 지금, 양옥은 이곳을 찾는 모든
이와 햇빛과 조망 그리고 기억을 나누는 집이 되었다.

DL이앤씨 제공

원오원 아키텍스 제공

나무 현관과 알루미늄 새시
그리고 돌 벽체를 가졌던 집

옛 양옥에서 집 전체는 돌로 덮혀 있었고 중간중간
연석과 테라코타가 악센트로 사용되었다.
현관에는 묵직한 나무문을 달았고 창에는 최신의
모던한 알루미늄 새시가 설치되었다.
그런데 지금 양옥의 외벽은 벽돌이 주재료가 되었다.

공사 과정에서 외벽 재료의 전면적인 변화가
이루어진 것이다.
단순하게 보면 비싼 돌집을 평범한 벽돌집으로
만드는 역전 현상이 일어난 것이다.
건축가는 왜 거꾸로 움직였을까?

원오원 아키텍스 제공

현관과 현관 홀

원오원 아키텍스 제공

노출콘크리트 면닦기

1960년대, 마감재를 사용하지 않는 콘크리트 사용이 널리 유행하던 시절이 있었다. 이른바 콘크리트 표면이 있는 그대로 노출되는 노출콘크리트(exposed concrete)는 건축의 윤리성을 주장하던 건축가들이 재료를 솔직하게 노출해야 한다며 적극 사용하기 시작했다. 르코르뷔지에를 통해서 널리 알려진 이 흐름은 건축가들에게는 최신 경향으로 받아들여졌다.

김중업이 설계한 프랑스대사관과 김수근이 설계한 워커힐호텔의 힐탑바와 자유센터를 시작으로 많은 건물이 노출콘크리트로 지어졌다.

그러나 일반에서는 다른 의미로 노출콘크리트를 받아들였다. 경제적으로 궁핍하던 시절에 타일이라는 비싼 마감재를 사용하지 않아도 된다는 점에서 환영받았다. 이로 인해 노출콘크리트의 매력은 경제적 수준 향상과 함께 사라졌었다.

가회동 79-1번지 주택에서도 노출콘크리트가 사용되었지만 주된 건축재료는 아니다. 1960년대 부잣집에서 가장 선호하는 재료는 석재였다. 노출콘크리트는 2층과 3층 테라스의 난간에 사용되었다. 콘크리트 난간에 박힌 동그란 구멍은 거푸집이 벌어지지 않도록 앞뒤로 묶어주는 폼타이(form tie)의 흔적이다.

당시 노출콘크리트 시공 능력이 부족했던 까닭에 콘크리트 표면에 쉽게 금이 가고 표피가 떨어져

나가곤 했다. 그래서 콘크리트와 비슷한 색인 회색빛
페인트가 덧칠되었다. 하지만 페인트는 내구성이
약하기 때문에 지속적으로 관리하지 않는 경우
페인트가 벗겨지고 건물을 더 추해 보이게 한다.
이 집 역시 페인트를 벗겨내자 페인트를 칠한 이유가
드러났다. 구조에는 문제가 없지만 실금이 곳곳에
남아있었다. 건축가는 노화된 페인트를 벗겨내고,
노출콘크리트 면을 깨끗하게 닦아냈다. 면닦기는
한옥 수리할 때 오래된 나무인 고재에만 사용하는
방법인 줄 알았는데, 노출콘크리트에서 페인트를
벗겨낸 후 콘크리트 미장 면에 면닦기를 한 것이다.
그 결과가 지금 우리가 보는 오설록의 모습이다.

계단실, 해체와 재구성

가족만 사용하던 집의 목조계단을 철거하고,
기존의 계단실의 틀을 이용해 새로운 계단을
만들었다. 기존 계단을 철거하고 새 계단을 만든
이유는 구조의 문제 때문이다.

원오원 아키텍스 제공

1층 계단 변경 전과변경 후 모습

옛 거실과 온실

주택 리노베이션 공사에 작은 것이긴 하지만
굴삭기를 사용하는 모습이 집의 규모를 짐작케한다.
1층 거실에서 파케이 마루에 목재패널 벽체 마감도
고급스럽지만, 더 주목할 것은 거실 창 너머로 보이는
온실의 마감재료다.
다양한 색과 다양한 크기의 돌조각 모양의
인조석재는 건축가 김정수가 개발한 연석이다.
연석은 1950년대 말 미국의 원조프로그램으로
미네소타대학을 다녀온 건축가 김정수가
미국의 교외 주거지역에서 널리 사용되던
자연석을 얇게 켜서 사용한 마름돌(Ashlar)쌓기,
렛지스톤(Ledgestone)의 분위기를 연출하기 위해
만든 인조석재였다.
건축마감재가 부족하던 시절 단독주택은 물론
공공기관에서도 광범위하게 사용된 건축재료였다.

1 대리석으로 마감된 현관 홀과 연석으로
  마감된 온실 사이 벽체 해체 후 모습.
  대리석은 각 부재마다 번호를 매겨서
  해체한 후 원 위치에 다시 복원했다.

2 온실의 벽

3 실내 공사를 준비중인
  거실의 미니 굴삭기

  원오원 아키텍스 제공

3층 거실의 홈바와
해체된 거실

양옥이 동서로 길쭉하게 지어진 것은 남쪽으로는
따뜻한 햇볕을 안고 남산을 조망하기 위함이고
북쪽으로는 백악을 한눈에 담기 위함이었다.
그러한 목적을 최적으로 수행할 수 있는 공간이
전망 좋은 3층에 마련되었다.
홈바(Home Bar)!

홈바는 오설록의 양옥에서 바 설록(Bar Sulloc)으로
거듭났다.
설화수의 한옥은 매우 개방적인 구조임에도 내부에
집중해 설화수에 집중하게 만드는 반면 오설록은
상대적으로 폐쇄적이지만, 높이의 강점을 살려
외부의 전경을 실내로 끌어들이고(차경)

원오원 아키텍스 제공

204

테라스를 이용해 도심 속 남산과 백악을 배경으로

자리 잡은 북촌의 경관을 적극적으로 즐길 수

있도록 했다.

원오원 아커텍츠 제공

바 설록

원오원 아키텍스 제공

갈 길을 잃은 계단,
쓰임을 압류 당하다

장변의 길이가 30미터가 넘는 이 주택에는 현관
앞 주계단 외에 서쪽 끝에 또 하나의 계단이 있다.
인조석 물갈기로 마감된 실내계단에서 주목할
것은 일체화된 계단의 난간과 손스침이다. 메탈로
매끈하게 디자인된 계단 난간의 자유곡선은 이
계단이 단순한 보조 계단 이상의 목적을 가졌음을
의미한다.
이 계단은 이 집이 지어졌을 때의 모습을 그대로
유지하고 있지만, 아쉽게도 현재 용도가 없다.
만일 이 계단을 이용할 경우 계단참에서 잠시
걸음을 멈추면 금이 간 유리를 멋지게 수리해낸
솜씨를 즐길 수 있다.
주변에서 가장 높은 이 집의 옥상에서 펼쳐지는
전망은 3층 테라스에서의 전경을 통해서도
충분히 짐작이 가지만 바로 그 점 때문에 우리는
올라갈 수 없다.

오래된 낡은 집의 뒤편, 눈에 띄지 않는 보조계단 외벽 위
낡은 페인트를 조심스럽고, 정성스럽게 벗겨내니 페인트에
가려졌던 오래된 시멘트 모르타르의 균열이 드러났다.
원오원 아키텍스 제공

시공, 공간구조의 변화와 공간

2층 거실의 일부를 2층 테라스 정원으로
구성하고, 2층 테라스 정원 상부를 3층까지
개방하여 장방형으로 긴 단순한 주택의 공간을
빛과 녹색이 충만한 공간으로 만들었다.

DL이앤씨 제공

DL이엔씨 제공

구조보강

주택에서 대중이 사용하는 공간으로 용도가
바뀌면서 대대적인 구조보강이 이루어졌다.
기둥과 보의 보강뿐 아니라 상부구조를
유지하면서 지하공간을 증개축한 오설록의
양옥은 구조보강과 활용의 모범답안이다.

시공, 뜬구조

뜬구조 시공은 상부 구조물을 보존하면서 지하에
증개축을 위해 상부 구조물의 하중을 받치는 임시
구조체를 설치한 후 증축하는 시공법이다.
옹벽을 철거하고 성토된 흙을 걷어낸 후 양옥과
한옥을 하나로 만들기 위해서는 중정 설치와 함께
지하층 증축이 불가피했고, 증축과 보존을 동시에
만족시킨 공법이 뜬구조 시공이었다.

DL이앤씨 제공

설화수와 오설록,
북촌을 즐기는 방법을 바꿨다

가회동의 트레이드마크는 단연 한옥이지만,
가회동 곳곳에는 전통주택이 규모를 크게
벗어나는 집이 존재한다. 가장 큰 집으로 북촌의
머리맡에 있는 돌과 벽돌로 지은 중앙고등학교를
꼽을 수 있다. 이외에도 대동세무고등학교,
재동초등학교 , 헌법재판소, 정독도서관,
현대건설사옥이 있다. 흥미롭게도 헌법재판소와
정독도서관 그리고 현대건설사옥은 모두 학교가
이전한 터에 들어선 시설이다.

개인주택으로는 인촌 김성수의 고택이 있고,
옛 화신백화점의 주인이었던 박흥식이 살다가
한보그룹의 정태수, 현대그룹의 정주영이 살았던
집도 있다. 그러나 이들은 대부분 너무 커서 안에
들어가는 순간 자신이 북촌에 있다는 사실을
잊게 한다. 물론 대부분은 들어가 볼 엄두를 낼
수 없는 곳이다. 물론 한 채 한 채 한옥의 고유한
특성을 갖고 개방된 집도 많고, 체험이 가능한
집도 있지만 아쉽게도 그 집 자체의 경험에 머물
수밖에 없는 경우가 대부분이다.

그러나 가회동의 두 집은 다르다.
설화수의 몫이 된 한옥도 고치기 전에는 가회동의
여느 한옥과 다를 바 없었고, 오설록의 몫이 된
양옥은 북촌로에서 한 켜 안의 옹벽 위에 자리한
까닭에 규모에 비해 존재감이 작았다.

그러나 이 집 역시 1960년대 우리나라 굴지의
제분업체 대표가 소유했던 집으로 내부를 들여다볼
엄두를 내지 못하던 곳이었다.

아모레퍼시픽에서 매입해 건축가 최욱의 손을 거친 후
설화수와 오설록의 집으로 새로 태어난 집은 북촌을
가장 북촌답게 즐길 수 있는 곳이 되었다.

설화수의 한옥은 지나치는 사람의 시선을 잡고,
발길을 멈추게 한 후 열린 대문으로 발길을 돌리게
한다. 언덕 위 양옥으로 이어지는 계단은 시선이
머물 수 있는 높이마다 계단참을 둔 덕분에 참마다
방향을 바꿔 오르면서 북촌의 다양한 풍경을 계단을
오르내리면서 즐길 수 있다.

중요한 것은 설화수와 오설록에서는 건물 안에서
고립된 채로 체험하는 것이 아니라 멈추고 앉아서
북촌을 경험할 수 있다는 점이다.

양옥의 입지와 규모는 그 자체로 권문세가의 터였던
북촌의 옛 명성이 근현대기에 어떻게 유지되었는가를
보여주지만, 오늘의 설화수와 오설록은 북촌의 주인이
우리 모두임을 확인시켜 준다.
설화수와 오설록은 우리가 이용의 주체임과 동시에
만인이 만 가지 방법으로 북촌과 한양도성의 주인임을
확인할 수 있는 곳이다.

에필로그

건축가 최욱(왼쪽)과
건축주 아모레퍼시픽 서경배 회장(오른쪽)

독자들이 이 책을 통해 가회동의 두 집을 얼마나
잘 이해하게 되었을까?
'가회동의 두 집'은 글과 사진으로 드러낼 수 있는
내용보다 독자들이 직접 현장에서 찾아내서
스스로의 방법으로 즐길 수 있는 것이 훨씬 많고
더 가치 있는 집이다.

집을 고칠 때 보통은 깨끗하게 치워버리지만
건축가는 한옥과 양옥에서 옛것을 남겨두고
새것을 보태 집을 만들었다. 그렇게 만들어진
집에는 오래된 집이나 새로 지은 집에서는 찾아볼
수 없는 맛이 있다.

'무엇을 어떻게 남길 것인가'에 대한 고민에서
건축가가 어떤 사람인지 드러난다.
건축가가 선택한 그 무엇은 건축가가 이 집의
가치를 어떻게 판단했고, 그 가치를 드러내기 위해
어떤 노력을 했는지 보여준다.

우리는 그러한 건축가의 고민을 얼마나 잘
읽어낼 수 있을까? 굳이 그러한 건축가의 고민을
읽어내려고 애태울 필요는 없다. 이 집의 모든
것을 한 사람이 한 번에 온전하게 파악하는 것이
가능하지 않기 때문이다.

'설화수와 오설록'의 두 집을 찾는 사람이 각자
자신의 취향에 맞춰, 때에 맞춰 즐기기를 권한다.
가회동의 두 집은 건축가, 사진가, 디테일러, 옛것을
굳이 찾아다니는 사람 등에게도 좋은 집이지만,
일상의 소소한 것에서 즐거움을 찾는 이들을
기분좋게 해 준다.

이 집은 모두를 만족시킨다.
그러나 한 번의 만족에 그치지 않는다. 가회동의
두 집은 찾을 때마다 새로움이 더해지는 집이다.

서경배 회장은,
우리 건축이 지닌 '차경의 지혜'와 함께 "달의
주인이 누구인가?"라는 질문을 던지며,
"밤에 보는 달이 아무리 아름다워도 달을
쳐다보지 않은 사람은 주인이 아니고, 잘 보고
감상하면 달은 내 것이 된다."고 했다.

그리고 건축가 최욱은 '가회동의 두 집'에서 이
말을 구현했다.

'달'을 '북촌'으로 바꾸면,
'북촌이 아무리 중요하고 소중해도 우리가 북촌을
보고 즐길 수 없다면, 북촌은 우리 것이 될 수
없다.'가 된다.

가회동의 두 집은 옛 집의 가치를 존중하며
지어졌지만, 과거를 이야기하는 집이 아니다.
오늘의 우리와 북촌이 어느 지점에 서 있음을
이야기함과 동시에 우리 건축과 도시의 앞날에
대한 방향을 제시해 주는 집이다.

지금까지 우리는 북촌에서 한옥을 보존하고, 한
채라도 한옥을 더 지으면 그것이 북촌을 보존하는
것이라고 생각했고, 한옥 골목을 구석구석 누비는
것으로 북촌은 우리 것이 된다고 생각했다. 그러나
아모레퍼시픽의 '가회동 두 집'은 물리적으로
보존된 북촌을 '바라보는 대상'을 넘어 북촌
안에서 북촌이 담고 있는 우리의 삶과 미학을
즐기고 내 것으로 만드는 새로운 방법을 제안했다.

좋은 건축가가 좋은 건축주를 만날 때 우리가
어떤 도시와 건축에서 살아갈 수 있는지를
보여주는 집이다.

마지막으로 가슴에 와닿았던 건축주의 말과 함께
글을 마무리하고자 한다.

건축개요

양옥

위치: 서울시 종로구 가회동 79-1

용도: 제1종 근린생활시설

대지면적: 1129.2㎡

건축면적: 399.78㎡

연면적: 995.26㎡

용적률: 60.44%

건폐율: 35.4%

규모: 지상 3층, 지하 1층

구조: 철근 콘크리트 구조 (+ 일부 철골 보강)

마감재: 외부- 콘크리트 미장 노출 + 발수제, 벽돌, 알프스월, 테라조, 3중유리

내부- 마테오브리오니, 마이크로 토핑, 테라조, 기존 천장 면정리

한옥

위치: 서울시 종로구 가회동 74

용도: 제1종 근린생활시설

대지면적: 236.8㎡

건축면적: 103.47㎡

연면적: 103.47㎡

용적률: 43.7%

건폐율: 43.7%

규모: 지상 1층

구조: 목구조

마감재: 외부- 목재, 기와, 유리, 회벽

내부- 포천석, 테라조, 마테오브리오니

양옥 + 한옥

설계 기간: 건축- 2018년 11월부터 2019년 11월

인테리어- 2019년 07월부터 2020년 12월

시공 기간: 건축- 2020년 02월부터 2021년 08월

인테리어- 2021년 04월부터 2021년 10월

설계/감리: 건축 - 원오원 아키텍스

한옥 - 참우리 건축사사무소

조경 - 서안조경

시공: 건축 - DL이앤씨

한옥 - 한옥살림

기존 양옥

위치:	서울시 종로구 가회동 79-1, 79-10
건축 연도:	1966년 9월 12일 준공
용도:	주택
대지면적:	1,101㎡, 28㎡
연면적:	817.69㎡
규모:	지상 3층, 지하 1층
구조:	철근 콘크리트조

기존 한옥 1

위치:	서울시 종로구 가회동 74, 79-2
건축 연도:	1930년대 추정
용도:	주택, 1종근린생활시설(휴게음식점)
대지면적:	150. 2㎡, 87㎡
연면적:	69.42㎡, 43㎡
규모:	지상 1층

기존 한옥 2

위치:	서울시 종로구 가회동 79-2
건축 연도:	1930년대 추정
용도:	사무실
대지면적:	86.6㎡
건축면적:	43.31㎡
연면적:	43.31㎡
규모:	지상 1층

가회동 두 집
북촌의 100년을 말하다
© 안창모, 2023

초판 1쇄 펴낸날   2023년 6월 30일

지은이   안창모
펴낸이   이상희

펴낸곳   도서출판 집
디자인   로컬앤드
제작   공간코퍼레이션

출판등록   2013년 5월 7일
주소   서울 종로구 사직로8길 15-2 4층
전화   02-6052-7013
팩스   02-6499-3049
이메일   zippub@naver.com

ISBN   979-11-88679-19-5 03540

AMOREPACIFIC
아모레퍼시픽